Cabin Safety Practice

비행안전실무

박 혜 정 지음

백산출판사

머리말

최근 항공업계의 발전으로 인해 객실서비스가 항공사 간 경쟁의 초점이 되고 있고, 항공안전과 보안이 강조되면서 비행안전을 담당하고 있는 승무원의 중요성이 더욱 높아지고 있다. 승객이 목적지까지 안전하고 편안한 여행을 하도록 철저히 비행안전을 확보하는 일이야말로 객실승무원의 중요한 업무이다. 특히 항공기 내에서 비행 전·중·후에 발생 가능한 사고에 미리 대비하고 예기치 못한 비상사태에 신속하게 대처함으로써, 대형 사고를 방지하고 피해를 최소화할 수 있으므로 객실승무원의 안전업무는 비행업무 수행에 있어서 최우선으로 강조된다.

본서는 항공사 객실승무원을 지망하는 항공관련 전공 학생들을 위한 교과교재로 활용하고자 항공기 안전업무에 관한 기초 실무지식의 내용으로 구성되었으며, 그 특징은 다음과 같다.

첫째, 비행안전업무는 단순히 사고에 대비한 업무가 아니라, 승무원의 임무규정 준수를 시작으로 원만한 기내서비스 진행을 위한 모든 업무가 해당된다는 측면에서 비행 전반에 관한 승무원의 역할과 업무수행을 중심으로 기술하였다.

둘째, 안전업무에 통용되는 전문용어를 그대로 사용하여 현장감을 높이도록 하였고, 기내에서 발생 가능한 비상사태에 관한 내용의 이해를 돕기 위해 관련 사진 및 기사 자료 등을 수록하였다.

마지막으로, 승무원의 안전업무에는 항공사별로 차이가 없을 것이나 가능한 현재 국내 항공사의 기내서비스 흐름에 맞추어 비행안전업무의 내용을 다루었다.

단, 상세한 기종별 설명은 추후 항공사별로 보유기종에 따른 세부교육이 진행될 것으로 판단되어 부득이 생략하였다. 이 점 독자의 양해를 바란다.

모쪼록 본서가 항공사 승무원이 되기를 희망하는 학생들에게 항공안전 업무에 관한 기초 실무지식을 습득하고 향후 산업체에서의 현장 적응력을 높이는 데 도움이 되기를 바란다.

끝으로 이 책이 출간되기까지 내용 감수와 자료 제공 등 여러모로 많은 도움을 주신 분들께 지면을 통해 깊은 감사의 말씀을 드린다.

2009년 8월

저자 씀

차 례

제1장 항공기와 객실구조 / 13

제8장 기내환경과 응급처치 / 183

부 록 주요 항공용어 및 약어 / 193

01 PART 항공기와 객실구조

제1장 항공기와 객실구조

제1절 항공기의 정의와 특성

1. 항공기의 정의

항공기에 관한 정의는 여러 가지가 있으나 그중 가장 일반적인 정의는 다음과 같다. 항공법 제2조(정의) 제1항에서는 "항공기라 함은 사람이 탑승, 조종하여 민간 항공에 사용하는 비행기, 비행선, 활공기, 회전익 항공기, 기타 대통령이 정하는 것으로서 항공에 사용할 수 있는 항공용 기기"라고 정의하고 있다. 그리고 국제민간항공기구(ICAO)에 의하면 "항공기란 공기의 작용에 의하여 대기 중에 떠 있을 수 있는 모든 기구"라고 정의하고 있다.

2. 항공기의 특성

1) 고속성

여타 교통편과 비교해 볼 때 항공기의 대표적인 특성은 고속성이다. 항공기의 속도는 1950년대 평균 시속 273km, 1960년대 제트시대 초반에는 시속 502km, 1970년대 초 시속 761km를 거쳐, 보잉사 B747기의 경우 948km까지 고속화되었다.

민간항공기의 속도는 항공기의 최고 속도나 순항 속도(수평속도)만으로 결정되는 것이 아니라 구간 속도(Block Time)에 의해서도 결정되게 된다. 즉, 항공기의 속도는 수송기가 움직이기 시작하여 목적지의 비행장에 도착한 후 완전히 정지할 때까지를 말하며, 구간 속도는 출발지에서 목적지까지 비행할 경우 양 지점 간의 거리를 총소요시간으로 나누어 계산하게 된다. 이는 지상유도–엔진점검–이륙–상승–운항–하강–진입–착륙–지상유도의 9단계에 소요되는 총 시간을 기준으로 결정된다.

2) 안전성

항공기 사고는 일단 발생하면 대형 사고로 엄청난 인명과 재산 피해를 동반하게 되나 통계적으로 항공수단은 여타 교통수단에 비해 사고 발생 가능률이 가장 낮다.

항공기의 안전도는 운항시 항공기의 기술적 원인 및 항공 노선의 기상조건 등 자연적 원인에 의해 크게 좌우되는데, 현대에 와서 항공기 설계, 운항 기술 및 공항 시설 등의 발달로 그 안전성이 더욱 향상되고 있다.

3) 정시성

항공기 정시성의 측정지표는 취항률, 정시 출발률이 되는데 항공기의 정시성은 항공기 정비의 복잡성 및 비용이성, 비행장의 기상상태 및 비행 경로상의 풍속 등 기상조건, 공항 이착륙시의 혼잡에 크게 영향을 받게 된다. 그러나 항공기 고유의 특성인 고속성을 이용하여 수송 빈도를 높임으로써 어느 정도 보완이 가능하다.

4) 쾌적성

항공서비스는 가시적인 상품을 고객에게 제공하는 것이 아니라 고객이 필요로 하는 인간으로서의 욕망이나 산업의 필요를 충족시키는 서비스를 제공하는 특성이 있다. 그러므로 항공기에는 방음 장치, 기압 및 온도 조절 장치, 진동 및 동요의 최소화 장치 등이 설치되어 있고, 항공사별로 항공 여객의 쾌적한 여행을 위해 기내식, 다양한 오락시설 등 물적 서비스와 객실승무원의 인적 서비스 등이 제공된다. 최근 신형 기종의 기내인테리어 고급화는 항공기의 쾌적성을 더욱 높이고 있다.

제2절 항공기의 발전

1. 태동기

항공기는 오랜 역사를 거슬러 올라가 획기적인 발명을 통한 태동기를 거치며 발전해 왔다.

- 1485년, 이탈리아의 레오나르도 다 빈치(Leonardo Da Vinci)에 의해 날개 달린 최초의 비행기계라 할 수 있는 비행장치가 고안되어 인력에 의한 날개치기식 비행기가 설계되었다.
- 1783년, 프랑스의 몽골피에(Montgolfier) 형제에 의해 최초로 기구가 발명되어 열기구 비행에 성공, 파리 상공을 비행하는 등 비행의 원리가 발견되게 되었다.
- 1900년, 독일의 F. 체펠린(Zeppelin)에 의해 용적과 실용 성능을 갖추게 된 비행선이 개발, 제작되었다.
- 1903년, 미국의 라이트 형제(Orville and Wilbur Wright)는 인력에 의한 비상의 한계를 느끼고 가솔린 엔진을 비행의 동력원으로 사용하여 복엽 글라이더에 가솔린 엔진을 장착, 비행에 성공함으로써 세계 최초의 동력 비행기를 제작하였다. 이로써 본격적인 인간의 항공 역사가 시작되었다고 할 수 있다.

몽골피에 형제의 최초 기구

F. 체펠린의 비행선

라이트 형제의 최초 동력 비행기

- 1909년, 프랑스의 L. 블레이오(Louis Bleriot)에 의해 근대 항공기의 원형이라 할 수 있는 단엽식 비행기 개발로 영불해협 횡단이 이루어졌다.

L. 블레이오의 단엽식 비행기

- 1915년, 독일의 융거스(Junkers)가 세계 최초의 전금속제 비행기 융거스 J1의 첫 비행을 실현하였다. 그리고 제1차 세계대전으로 인해 항공기가 군용물자의 수송에 중요한 역할을 담당함으로써 항공기의 눈부신 발전의 토대를 구축하기에 이른다.

2. 제1차 발전기

1933년, 미국에서 전금속제 비행기의 근대적 쌍발여객기인 보잉(Boeing)사의 B247, 더글라스 DC1의 첫 비행으로 미국의 근대적 민간 여객 항공기가 출현(B247, DC2, DC3)하여 항공기의 순항 속도, 수송 능력, 항공계기 등 여러 방면에서 획기적인 발전을 이루는 계기가 되었다.

DC3

3. 제2차 발전기

1940년대는 제2차 세계대전으로 인해 항공 기술의 개발로 최초의 제트엔진이 개발되어 1949년 세계 최초의 실용 제트엔진 여객기 코멧(Comet)이 등장하였으며 장거리 비행 및 기체 대형화가 실현되었다.

코멧(Comet)

4. 제트엔진 실용기

- 1950년대는 기술 혁신을 통한 대량 수송체제에 돌입하여 항공기의 경제성 개념이 도입되게 되었다.
- 1954년, 세계 최초의 수직 이착륙(VTOL)기가 수직 이착륙에 성공하였다.
- 1955년, 네덜란드에서 DC3과의 대체를 겨냥한 터보프롭여객기 F27의 첫 비행이 이루어졌다.
- 1958년, 팬암(PANAM)의 B707이 뉴욕–파리 구간의 비행으로 민간 항공의 제트시대가 개막되게 되었고, 오늘날 항공 수송의 기초가 되었다.
- 1963년, 제트여객기의 대표인 3발 여객기 B727의 첫 비행이 이루어졌다.
- 1969년, 미국에서는 항공기의 대량 수송 시대와 항공여행의 대중화를 열게 한 초대형 제트여객기 B747 1호의 첫 비행이 있었다. 같은 해 초음속여객기 콩코드(Concorde)[1]가 영국·프랑스의 합작으로 개발되어 첫 비행을 하게 되었다.

B707

B747 점보 제트기

이후 오일 쇼크를 겪고 난 후에는 연료 절감형, 저소음형 항공기의 개발이 요구되어 보잉사의 B767과 테크노 점보 B747–400, 에어버스사(Air Bus)의 A320 등 제4세대 제트기가 개발되었다.

- 1970년, 맥도널 더글라스 DC10의 첫 비행이 있었다.
- 1972년, 서유럽(프랑스, 서독) 공동개발 여객기 에어버스 A300의 첫 비행이 있었다.

1) 2003년 11월, 영국 '브리티시 항공' 소속 초음속 콩코드 여객기가 전시장으로 마지막 퇴역비행을 실시하였다.

5. 제3차 발전기

- 1980년대 항공여행의 대중화, 대량 고속운송체제의 확립으로 경제성과 효율성을 추구하는 형태의 신종 항공기 개발이 지속적으로 추진되었다.
- 1982년, B757, A310의 첫 비행이 있었다.
- 1986년, 네덜란드 F100 쌍발 제트여객기의 첫 비행이 있었다.
- 1990년, 맥도널 더글라스 MD11 취항이 개시되었다.
- 1991년, A340의 첫 비행이 있었다.
- 1995년, B777 여객기가 개발되었다.

6. 항공기의 초대형화

근래에 와서 항공기의 초대형화, 초고속화에 의한 개발비 증대로 막대한 자본과 기술력이 필요하게 됨에 따라, 항공기의 발전은 항공기 제작사들의 통폐합 진행 및 최첨단 항공기의 공동개발 등 국제 협력 및 국제 공동개발 생산으로 더욱 가속화되고 있다.

EU(유럽연합)의 에어버스사가 최고 550명까지 탑승할 수 있는 초대형 여객기 A380을, 세계 최대 항공기 제작사인 미국 보잉사도 1만 5천km 이상을 비행할 수 있는 첨단 중형 여객기 B787기를 내놓았다.

이들 신형기종의 경우, 연료 절감과 함께 배출가스를 획기적으로 줄일 수 있는 '항공기 현대화'를 이룩한 점이 큰 특징이라고 할 수 있다. 즉, 기체의 크기에 비해 상상할 수 없을 만큼 소음이 적고, 이산화탄소의 배출량 또한 매우 낮아서 '환경친화적인 비행기(Environment-Friendly Aircraft)'로 인정받고 있다.

제3절 항공기 비행 원리

항공기의 비행 원리 즉, 비행에 있어서의 필수 요건은 항공기 부양원리와 구조, 공기역학적인 힘(비행기에 작용하는 4가지 힘), 추진 장치 그리고 항공기의 기본 운동이라고 할 수 있다.

1. 항공기 부양 원리와 구조

비행기의 무게를 지지하는 것은 날개에 작용하는 양력이다. 항공기가 엔진의 힘으로 전진하면 날개 상하면에는 압력차가 발생한다. 즉, 날개 상면은 압력이 작아지고 날개 하면은 압력이 커지게 된다. 이때 큰 쪽에서 작은 쪽으로 작용하는 압력으로 인해 날개를 상승시키는 힘이 발생하게 되는데, 이 힘을 '양력'이라고 하고 이 힘에 의해 비행기 전체가 상승하게 된다.

항공기의 구조는 양력을 발생시킬 수 있게 날개면적이 넓어야 하며 공기의 저항이 적게 유선형이 되어야 한다.

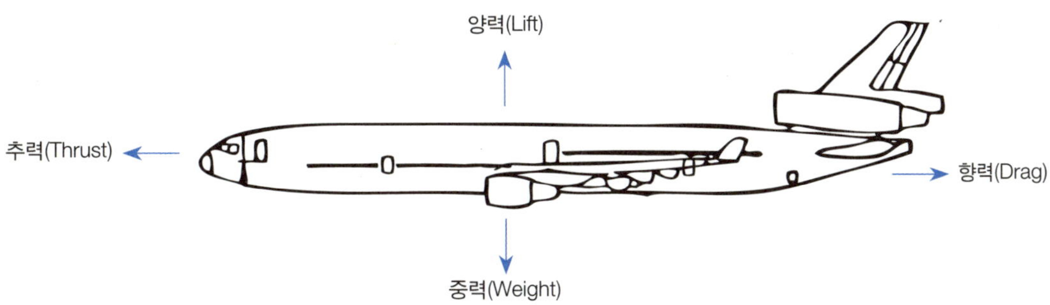

2. 공기 역학적인 힘

항공기가 하늘을 날 때 작용하는 기본적인 4가지 힘은 다음과 같다. 비행기는 자체적으로 기체 중량이 지구 중심을 향해 작용하고 있으며, 공중에 뜨기 위해서는 이 중량 이상의 양력이 작용해야 한다. 또한 항공기가 날개에 양력을 발생시키기 위해서 어떠한 속도로 공기 속을 진행하면 날개 및 비행기 전체에 공기 저항이 발생하게 되는데, 비행기가 가속을 하기 위해 항력 이상의 추력으로 항력을 극복해야 한다. 비행기가 일정한 속도로 수평비행을 하는 것은 항력이 추력과 같을 때, 그리고 날개의 양력이 기체의 무게와 평형을 이루고 있기 때문이다.

3. 추진 장치

항공기의 추진 장치는 엔진을 의미한다.

4. 항공기의 기본 운동

항공기는 비행 중 다음과 같이 3가지 기본 운동을 한다.

1) 선회운동(Rolling)

날개 Aileron의 작용에 의해 항공기의 좌우 주날개가 상하로 움직이는 것으로, 옆놀이라고 한다.

2) 상하운동(Pitching)

꼬리날개 Elevator 작용에 의해 항공기의 앞뒤가 위, 아래로 움직이는 것을 말하며, 키놀이라고 한다. 항공기의 상승, 하강운동을 일으키는 동작이다.

3) 좌우운동(Yawing)

꼬리날개 Rudder의 작용에 의해 항공기의 기수가 좌, 우로 움직이는 것을 말하며 빗놀이라고 한다. Aileron과 함께 작동하며 항공기의 선회운동을 일으킨다.

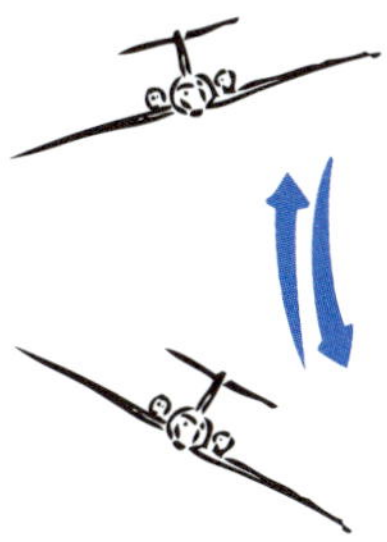

선회운동(Rolling)

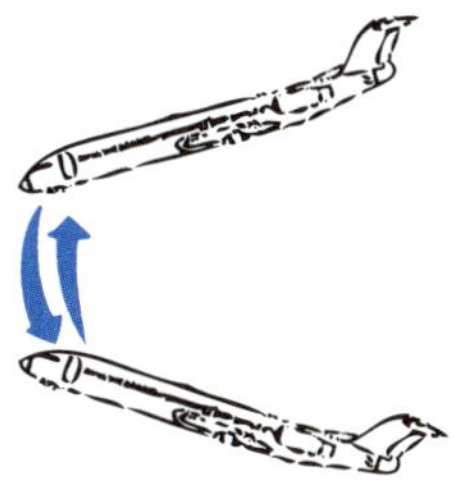

상하운동(Pitching)

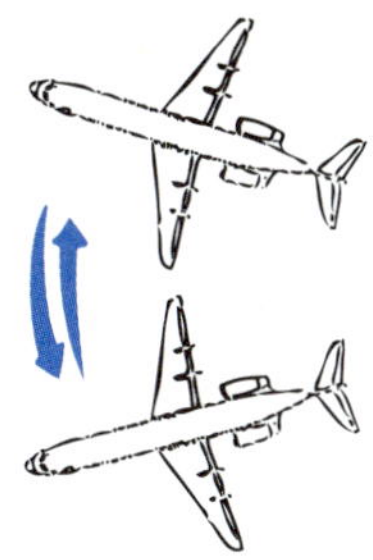

좌우운동(Yawing)

NOTES :

제4절 항공기 운항개요

1. 이 륙(Take-off)

항공기가 이륙 및 상승할 때의 항공기의 성능은 하나의 엔진이 고장으로 가동되지 않는 상태의 성능을 기준으로 계산되어 있으므로 이륙 및 상승 과정에서 하나의 엔진이 작동되지 않아도 항공기 안전에는 지장이 없으나 다음의 성능 기준들에 의하여 항공기 운항의 책임자인 기장에게 이륙의 단념 혹은 계속 이륙의 정확한 판단이 요구된다.

1) 이륙 속도(Take-off Speed)

이륙단계별 기준이 되는 속도를 말하며 활주로의 길이, 항공기 이륙 중량, 온도, 활주로 표고에 따라 변화하며 이륙 전에 운항승무원(주로 항공기관사)에 의해 반드시 계산되어야 한다.

① V_1(Critical Engine Failure Speed)

이륙 중 하나의 엔진이 고장났을 경우에 이륙을 단념할 것인가 또는 이륙을 계속할 것인가의 판단 기준이 되는 속도이다. V_1 이전에 항공기에 고장이 났을 경우에는 이륙을 단념해야 하며, 이 속도 이상에서 엔진이 고장났을 경우에는 이륙을 계속해야 한다. 즉 V_1 이전에서 엔진이 고장난 상태로 이륙을 계속할 경우에는 안전한 상승을 보장할 수 없다. 또한 V_1 이후에서 이륙을 단념해야 하는 경우에는 주어진 활주로상에 안전하게 정지할 수가 없다.

② V_R(Take off Rotation Speed)

항공기가 부양할 수 있는 충분한 양력이 형성되는 속도를 말하며 이 속도에 도달하게 되면 항공기는 기수를 들어 부양을 시작하게 된다.

③ V_2(Take off Climb Speed)

하나의 엔진이 고장난 상태에서도 안전한 상승률을 유지할 수 있는 속도를 말하며 활주로의 끝을 벗어나기 이전에 이 속도를 유지해야 한다.

2) 이륙 활주로

항공기 이륙 중량의 산출에 기본이 되는 사항들을 말하며 이륙 중량의 산출시 고려되어야 할 사항은 다음과 같다.

① Take off Distance(TOD)

지상활주를 시작하는 시점으로부터 항공기가 부양하여 Main Gear 35피트(feet)고도에 이르기까지의 수평거리를 말하며 35ft 고도는 항상 활주로 끝부분 이전에 이루어져야 한다.

② Accelerate Stop Distance(ASD)

지상활주를 시작하는 지점으로부터 V_1에서 하나의 엔진이 고장났을 때 제동조작을 시작하여 항공기가 완전히 정지할 때까지의 거리를 말하며 항공기는 항상 활주로상에서 정지하여야 한다.

3) 이륙 중량

이륙 중량은 활주로 길이, 표면 상태, 표고, 경사도, 활주로 연장선상의 장애물, 외기 온도, 바람의 방향과 속도 등에 의해 영향을 받으므로 이륙시마다 이륙 중량이 변화하므로 매번 계산하여야 한다.

2. 상 승(Climb)

엔진출력과 공기의 저항이 같을 경우는 일정한 속도로 수평비행을 하게 되며 속도를 증가시키거나 상승하기 위해서는 일정량 이상의 출력이 필요하게 된다. 따라서 효과적인 상승을 위해 상승률, 상승각, 상승 속도, 엔진 출력이 고려되어야 한다.

3. 순 항(Cruise)

일반적으로 상승과 강하를 제외한 수평비행을 순항이라 하며 적정한 순항고도와 속도의 선정은 연료 소모량의 결정적인 요인이 된다.

4. 강 하(Descent)

항공기가 순항고도로부터 비행장에 착륙하기 위하여 진입하기 전까지를 말하며 보통 순항고도로부터 착륙공항 상공 1,500ft 고도에 도달할 때까지의 비행단계를 말한다.

5. 진 입(Approach)

항공기가 비행장에 착륙하기 위해 일정 항공로에서 벗어나 활주로 상공 50ft 지점까지 접근하는 경로를 말한다.

1) Decision Height(DH)

착륙 진입 중 계속하여 착륙을 할 것인가 또는 착륙을 포기할 것인가를 판단하는 기준이 되는 고도를 말하며 진입방식, 지형지물 등에 따라 고도의 기준이 결정된다.

2) Go Around(또는 Missed Approach)

착륙 시도 중 착륙 활주로의 확인이 불가능하거나 활주로상에 장애물이 있을 경우에 착륙을 포기하고 다시 상승하는 것을 말한다.

6. 착 륙(Landing)

착륙속도로 활주로 끝 50ft를 통과하여 활주로 시작에서 1,000ft되는 지점에 접지되도록 하는 것이 표준 절차이며, 활주로 끝(Threshold)으로부터 항공기가 완전히 정지할 때까지의 조작을 착륙이라 한다.

1) 착륙 속도

활주로 끝(Threshold)을 통과할 때의 속도로 1.3Vs(Tall Speed : 실속 속도)를 기준으로 계산되어야 하며 착륙 중량, 풍향 풍속 및 항공기의 상태에 따라 변한다.

2) 제동 장치

착륙시 필요한 제동 장치는 다음 3가지로 구분되며 착륙시 모두 이용된다.

① Ground Spoiler(Speed Brake) : 주로 항공기의 날개 표면에 부착되어 있으며 착륙시 수직으로 들어 올려 공기 저항을 유발하고 또한 양력을 감소시켜 항공기 자중을 Main Gear로 이동시켜 Brake 효과를 양호하게 하며 감속에 도움을 주며 High Speed에서 효과가 크다.

② Thrust Reverser : 엔진의 출력을 역추진시켜 감속효과를 증대시키는 장치로 High Speed에서 효과가 크다.

③ Brake : 회전하는 바퀴에 제동을 가하는 장치로 Low Speed에서 그 효과가 크다.

3) 착륙 거리(Landing Distance)

항공기가 활주로 끝(Threshold)을 통과할 때부터 정지할 때까지의 수평거리를 뜻한다.

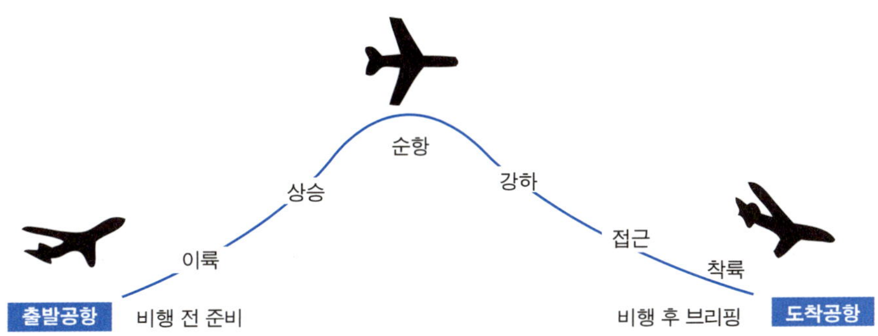

제5절 항공기의 분류 및 구조

1. 항공기의 분류

1) 비행 원리에 의한 분류

① 경항공기

공기보다 가벼운 항공기를 말한다.

- **기　구**(Ballon) : **동력 장치가 없는 항공기**
- **비행선**(Airship) : **동력 장치가 있는 항공기**

공기보다 가벼운 항공기라는 것은 공기보다 비중이 가벼운 기체(수소가스, 헬륨가스, 열공기)를 기밀성(氣密性) 주머니에 넣어 그 주머니가 배제한 부피만큼의 공기와의 중량의 차, 즉 정적(靜的) 부력을 이용하여 공중에 뜨는 항공기를 의미한다.

② 중항공기

중항공기는 공기보다 무거운 항공기로서, 공기에 대해서 상대적인 운동을 하는 날개에서 발생하는 동적(動的)인 부력, 즉 양력(揚力)을 이용하여 비행하는 모든 항공기를 가리킨다.

- **비행기**(Airplane) : **동력 장치가 있는 항공기**
- **활공기**(Glider) : **동력 장치가 없는 항공기**

2) 속도에 의한 분류

① 아음속(亞音速) 여객기(Subsonic Transport)

비행기 주변의 공기 속도가 음속에 도달하지 않는 속도로 나는 비행기로 마하[2] 0.85 이하의 속력으로 나는 비행기를 말한다.

2) 항공기 속도/음속.

② **초음속(超音速) 여객기**(Supersonic Transport)

음속보다 빠른 순항 속도로 비행하는 제트여객기로 마하 1~5로 운항하는 콩코드기(Concorde)가 있다.

3) 이착륙에 의한 분류

① STOL**기**(Short Take-off and Landing Plane)

단거리 이착륙기 또는 단거리 활주 이착륙기로서 극히 짧은 활주거리로서 이착륙이 가능하며 이착륙 속도와 순항속도와의 차이가 비교적 큰 비행기를 말한다. 수송용에서는 길이 450~550m의 활주로에서 이착륙이 가능하다.

② VTOL**기**(Vertical Take-off and Landing Plane)

수직 이착륙기로서 이착륙할 때까지 활주하지 않고 수직으로 상승 및 강하가 가능한 능력을 가진 비행기를 말한다. STOL기와 두 기종을 총칭하여 V/STOL기라고 한다.

③ CTOL**기**(Conventional Take-off and Landing Plane)

보통의 이착륙기로서 STOL 운항을 목적으로 하지 않았기 때문에 특별히 강력한 고양력 장치와 엔진을 장비하지 않고 보통 활주거리에서 이착륙하는 일반 비행기를 VTOL/STOL기에 비교한 이름이다. 지상 활주길이는 항공기의 무게(승객, 화물, 연료량) 및 지상온도, 바람 등에 의해 달라진다.

2. 항공기의 외부구조

항공기의 구조는 양력을 발생시킬 수 있도록 날개 면적이 넓어야 하며 공기의 저항이 적게 유선형이 되어야 한다.

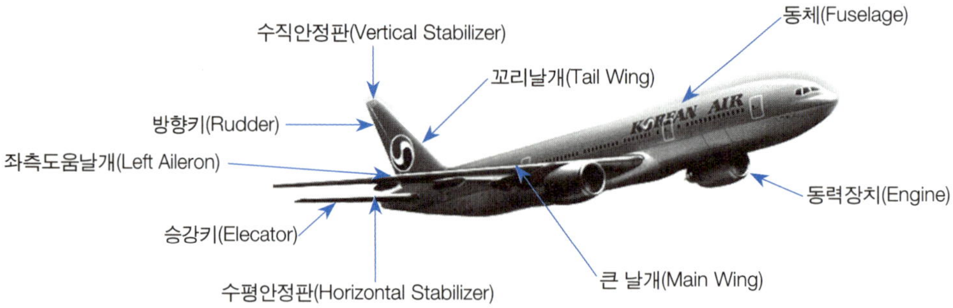

1) 동 체(Fuselage)

비행기의 기본 몸체로 조종실과 객실(Cockpit & Cabin), 수하물과 화물이 탑재되는 화물실(Cargo Compartment)로 구성된다.

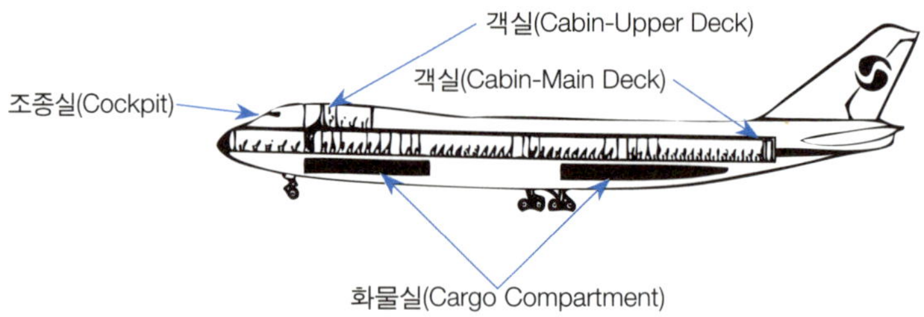

2) 날 개(Wing)

① 주 날개(Main Wing)

비행기를 공중에 뜨게 하는 힘(양력)을 발생시켜 비행기를 뜨게 하는 역할을 한다. 여기에 비행 방향 전환을 하는 보조익(Aileron)을 통해 경사를 줌으로써 선회하게 되며, 이착륙시 양력을 증가시키는 플랩(Flap)이 있다.

날개의 공간을 이용하여 항공유를 보관하는 연료탱크의 역할을 하기도 한다.

■ **보조익**(Aileron)

주날개 뒤쪽에 장착되어 있으며 항공기 선회운동을 순조롭게 하는 장치이다. 기체의 좌우 안정을 유지하는 역할을 한다.

- **플랩**(Flap)

  주날개 뒤쪽에 장착되어 있으며 고양력 장치의 일종으로 이착륙시 양력을 증가시키기 위한 장치이다. Flap 사용시 양력뿐만 아니라 항력도 증가되어 활주로 접근 및 착륙시 감속에도 기여한다.

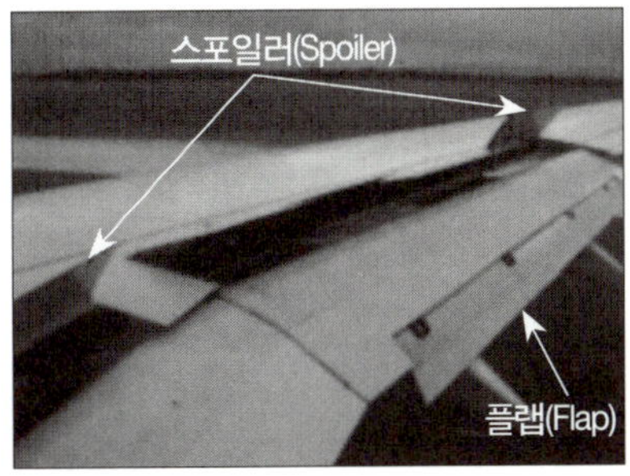

플랩과 스포일러

- **스포일러**(Spoiler)

  주날개 위에 장착되어 있다. 착륙시 수직으로 세워 공기의 저항으로 속도를 줄이며 날개의 양력을 제거하는 역할을 한다. 착륙 후에는 공기브레이크 역할로 바퀴의 제동작용을 한다.

- **윙릿**(Winglet)

  주날개 끝 가장자리에는 공기의 흐름이 밑에서부터 올라오는 소용돌이가 생기면서 이것이 저항력으로 변하게 되는데, 이 공기의 소용돌이를 위로 흘려보내면서 주날개 가장자리에 휘감기는 것을 막아 저항을 줄이는 기능을 한다.

윙릿

② 꼬리 날개(Tail Wing)

비행기의 기수 및 방향을 조종하며 수평 및 수직 꼬리 날개로 구성되어 있다. 수평 꼬리 날개의 승강키(Elevator)는 기수의 상하운동, 수직 꼬리 날개의 방향키(Rudder)는 기수의 좌우운동과 선회 초기에 도움 날개와 함께 항공기의 비행방향 전환을 용이하게 한다.

- **승강키**(Elevator)

  수평안정판의 뒤쪽에 장착되어 있으며 상하로 작동하여 기수를 위, 아래로 향하게 하는 장치이다.

- **방향키**(Rudder)

  수직안정판의 뒤쪽에 장착되어 있으며 좌우로 작동하여 기체의 좌우 선회를 돕는 장치로서 배의 방향키와 같은 역할을 한다.

3) 엔 진(Engine)

비행기가 양력을 얻도록 추진력을 발생시키는 장치로서 항공기의 이착륙, 상승, 순항 및 부가적으로 비행기에서 필요로 하는 기내의 여압, 전기, 냉난방을 위한 공기를 제공하는 추력 장치이다.

대부분 항공기 동체의 옆이나 날개부분에 장착되어 있으나, 일부 항공기(MD11, DC10, B727)는 동체 후미부분에 장착되어 있다.

비행기의 성능에 따라 엔진의 수가 각각 다르게 장착되며, B747은 4개, B787은 2개, A380은 4개, A300은 2개의 엔진이 있다.

- **APU**(Auxiliary Power Unit)

  비행기의 보조동력장치로 지상과 상공에서 모두 작동시킬 수 있으며 주로 비행기의 꼬리 날개 안쪽에 장착되어 있다. 최근의 제트여객기는 보조동력장치로 불리는 이 소형엔진을 장착하여 지상에서 비행기 시스템을 작동시키기 위한 전기나 압축공기를 제공하며, 비행 중에는 비상대기전원으로 사용된다.

여압장치

고공으로 올라감에 따라 기압과 기온이 저하되는데 이로 인한 산소 부족을 방지하기 위해 비행 중 기내압력을 자동 조종하는 장치를 말한다.

- **GPU**(Ground Power Unit)

  항공기의 주엔진과 APU를 사용하고 있지 않을 때 항공기에 필요한 전기 동력을 공급하는 지상 전원공급 장비이다. APU는 하나의 소형엔진이므로 주기 중인 비행기로 전원이나 에어컨을 공급할 수도 있으나, 기내에 탑재된 연료를 소비해야 하고 공회전에 의한 환경문제를 고려해야 하기 때문에 대부분의 공항에서는 상대적으로 연료소모율이 적은 GPU(Ground Power Unit : 지상 전원공급 장비)를 최대한 활용하고 있다.

4) Landing Gear

Landing Gear는 비행기의 이착륙에 필요한 바퀴와 제동 장치 그리고 충격흡수 장치로 구성된다. 동체와 연결시켜 주는 축으로서 항공기의 균형 및 방향전환에 사용되는 전방 Nose

부분의 Nose Gear와 비행기의 이착륙시 활주와 제동 그리고 충격흡수를 위한 항공기 중앙 부분의 Main Gear가 있다.

B747의 경우 Nose 1개조(2개), Main 4개조(16개)로 총 18개의 바퀴로 구성되어 있다.

5) 문(Door)

여객기의 경우 승객의 탑승 하기시의 출입구 및 비상사태 발생시 비상탈출구로 사용된다. 기종에 따라 좌우 4~5개씩, Upper Deck이 있는 경우 좌우 2개가 있으며, 각 문에는 Escape Slide가 접혀진 상태로 장착되어 비상시 사용할 수 있도록 되어 있다.

일반적으로 승객 탑승시는 왼쪽 첫 번째, 두 번째 문을 사용한다. Cargo Compartment는 Forward Compartment, After Compartment, Bulk Door 각 1개씩 있다.

화물기의 경우 Door는 화물선적을 위한 것으로서 Main Deck의 Nose Door, Side Door로 구성되어 있으며 Lower Deck은 여객기와 동일하다.

여객기 Door

화물기 Door

6) Logo/Mark

- **Logo**

  동체부분

- **Mark**

  수직 꼬리 날개 중앙

■ **항공기 등록 번호**

항공기 소유자의 신청으로 자국의 항공기 등록 원부에 등록된 기호를 의미하며 항공기는 이 등록기호를 받지 않으면 사용할 수 없다. 받은 등록기호는 국제민간항공기구(ICAO)에서 정해진 로마자 대문자로 표시된 국적기호 뒤에 4 또는 5개의 글자가 장식체가 아닌 아라비아숫자의 대문자로 표시된다. 비행기의 경우 보통 주날개면과 꼬리날개면 또는 동체면에 일정한 규격으로 표시하는 동시에 내화성 재료로 만든 식별판에도 압각(押刻)하여 기체 출입구에서 잘 보이는 곳에 붙인다. 수직 꼬리 날개 하단부, Main Wing 상단부분, Landing Gear에 표기된다.

예) B747 기종의 HL 7458

HL : IATA기구에서 각 국가별로 부여한 2 Letter Code로 국적을 인식할 수 있는 무선국 기호이며 대한민국의 국적을 가지고 있는 항공사는 각 보유 항공기에 'HL'의 기호를 표기해야 한다.

7 : 제트(터보팬)엔진을 장착한 여객기

4 : 엔진수를 뜻하나 최근에는 각 항공사별로 보유 항공기가 많아 일련번호가 포화상태가 되어 엔진수와는 다른 숫자를 붙여 표기하기도 한다.

58 : 동일한 엔진수를 가진 기종끼리의 Serial No, 일련번호

3. 항공기의 기종별 제원

1) BOEING사

■ B747-400

길이(m)	70.66
주날개폭(m)	64.44
높이(m)	19.41
최고 운항고도(m)	13,747
경제 순항속도(km/hr)	916
최대항속거리(km)	12,821
좌석수(개)	376~384

■ B747-300/200

길이(m)	70.66
주날개폭(m)	59.64
높이(m)	19.33
최고 운항고도(m)	13,747
경제 순항속도(km/hr)	916
최대항속거리(km)	11,324
좌석수(개)	385

■ B777-200

길이(m)	63.73
주날개폭(m)	60.93
높이(m)	18.44
최고 운항고도(m)	13,137
경제 순항속도(km/hr)	905
최대항속거리(km)	12,538
좌석수(개)	301

■ B777-300

길이(m)	73.86
주날개폭(m)	60.93
높이(m)	18.44
최고 운항고도(m)	11,095
경제 순항속도(km/hr)	905
최대항속거리(km)	11,029
좌석수(개)	376

■ B767-300

길이(m)	54.94
주날개폭(m)	47.57
높이(m)	15.85
최고 운항고도(m)	13,137
경제 순항속도(km/hr)	862
최대항속거리(km)	10,674
좌석수(개)	213~239

■ B737-800

길이(m)	33.63
주날개폭(m)	28.88
높이(m)	11.13
최고 운항고도(m)	11,278
경제 순항속도(km/hr)	790
최대항속거리(km)	5,000
좌석수(개)	130~160

■ B787-800

길이(m)	55.5
주날개폭(m)	58.80
높이(m)	16.5
최고 운항고도(m)	13,000
경제 순항속도(km/hr)	903
최대항속거리(km)	15,700
좌석수(개)	250

2) AIRBUS사

■ A300-600

길이(m)	54.10
주날개폭(m)	44.84
높이(m)	16.54
최고 운항고도(m)	12,192
경제 순항속도(km/hr)	840
최대항속거리(km)	6,121
좌석수(개)	280

■ A321-100

길이(m)	44.51
주날개폭(m)	34.10
높이(m)	11.76
최고운항고도(m)	12,131
경제 순항속도(km/hr)	833
최대항속거리(km)	5,000
좌석수(개)	170~200

■ A320-200

길이(m)	37.57
주날개폭(m)	34.10
높이(m)	11.76
최고 운항고도(m)	12,131
경제 순항속도(km/hr)	833
최대항속거리(km)	5,908
좌석수(개)	140~160

■ A330-300

길이(m)	63.69
주날개폭(m)	60.30
높이(m)	16.83
최고 운항고도(m)	12,527
경제 순항속도(km/hr)	926
최대항속거리(km)	10,882
좌석수(개)	296

■ A330-200

길이(m)	58.80
주날개폭(m)	60.30
높이(m)	17.40
최고 운항고도(m)	12,527
경제 순항속도(km/hr)	883
최대항속거리(km)	10,421
좌석수(개)	256

■ A380

길이(m)	73.0
주날개폭(m)	79.8
높이(m)	24.13
최고 운항고도(m)	13,100
경제 순항속도(km/hr)	902
최대항속거리(km)	15,100
좌석수(개)	550

4. 항공기의 내부구조

1) 여객기(Passenger Aircraft)

① 조종실(Cockpit)

운항승무원이 탑승하여 조종하는 곳으로, 항공기 맨 앞쪽에 위치하며 B747은 Upper Deck 객실의 최전방에 있다. 조종실 내부는 운항승무원 좌석, 비행 중 휴식을 위한 침대칸식 Bunk 등이 장착되어 있다.

항공기술의 발전으로 인해 대부분의 항공기가 기장, 부기장의 2인 운항승무원 체제로 구성되며 조종석은 출입절차 강화 차원에서 조종석 내부에서 외부 출입을 규제하기 위해 출입문에 출입문 근처의 외부상황을 살필 수 있는 뷰파인더(View Finder) 및 코드화된 잠금장치가 장착되어 있다.

기내보안을 위해 반드시 해당 항공기 탑승 승무원을 비롯한 출입이 허용된 자만이 규정에 의한 조종석 출입절차를 거쳐 출입할 수 있다.

② 객실(Cabin)

항공기 객실은 항공기의 크기에 따라 몇 개의 비상구와 비상구 사이로 구분하여 구역(Zone)으로 나누며, 대형기 및 중형기에서는 객실승무원의 근무구역 설정이 된다.

③ 화물실(Cargo Compartment)

승객의 위탁수하물, 우편물 및 일반 화물이 동체 아래칸 Lower Deck에 탑재되는 곳으로 탑승수속시 승객이 부친 수하물을 단위탑재용기(Unit Load Device)를 이용하여 탑재함으로써 화물실 공간을 최대한 활용하고 있다.

ULD(Unit Load Device)

항공기가 대형화되면서 지상조업에 소모되는 시간을 최소화하여 항공기의 가동률을 높이기 위한 목적에서 개발되었으며 Container, Pallet 등 항공사 간 협의에 따라 표준화된 규격과 모양이 정해져 있어 화물 인수인계시 편리하게 되어 있다.

2) 화물기(Freighter)

승객을 태우지 않고 순수 화물만을 탑재하는 항공기를 말한다. Main Deck, Lower Deck 공히 화물탑재를 위한 공간으로 운영되며 B747 화물기는 Main Deck에 화물을 탑재할 수 있도록 Nose Door와 Side Door가 있다.

제6절 객실 구조

항공기의 기내를 캐빈(Cabin) 또는 객실이라고 칭하며, 항공기의 객실은 기종에 따라 몇 개의 구역(Zone)으로 나눠진다. 이 구역은 일반적으로 비상 때 사용하는 비상구(Exit Door)인 문(Door)과 문 사이를 두고 구분하며, 객실 승무원의 근무구역을 설정하는 기준이 된다.

1. 대형기

대형기는 A380, B747, B777-300 등의 항공기를 말한다. 기종에 따라 비상구(Exit Door)가 항공기 양측에 각각 5~6개 있으며, 대형기의 객실구역은 앞쪽에서부터 차례로 A, B, C, D, E Zone으로 이루어져 있다.

B747 항공기의 경우 A, B, C, D, E Zone을 비롯하여 객실 전방 A, B Zone 바로 윗부분에 2층으로 연결된 장소인 Upper Deck Zone이 있다.

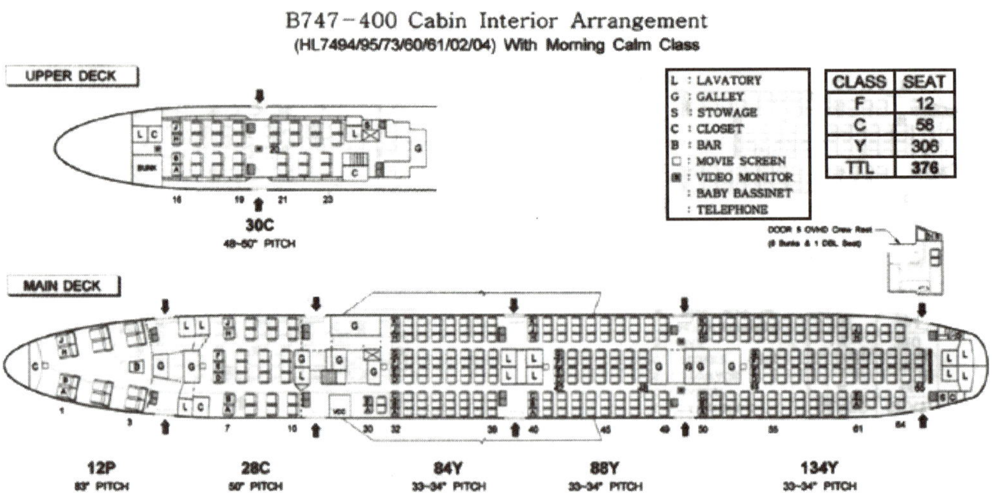

2. 중형기

중형기는 A300-600, A330, A340, B777-200, B767-300, B767-400 등의 항공기로, 비상구(Exit Door)가 항공기 양쪽에 각각 3~4개 있다. 중형기의 객실구역은 대형기와 마찬가지로 앞쪽에서부터 차례로 A, B, C, D Zone으로 이루어져 있다.

A330-300 Cabin Interior Arrangement
(HL7550/51)

G : GALLEY
S : STOWAGE
C : CLOSET
□ : MOVIE SCREEN
▣ : VIDEO MONITOR
: VIDEO LCD
: BABY BASSINET
: TELEPHONE

CLASS	SEAT
F	12
C	28
Y	256
TTL	296

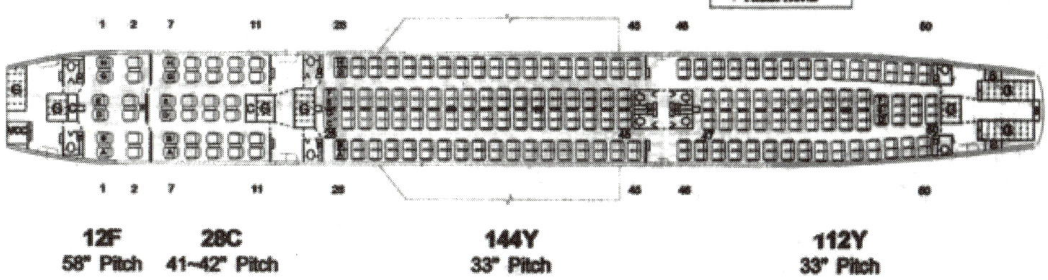

3. 소형기

소형기는 B737, Forker사의 F100 및 기타 소형 항공기 등이 속한다. 비상구가 총 2~3개로서 객실의 구역을 나누기보다는 항공기 전방(Forward), 후방(After)의 개념으로 근무구역을 설정한다.

F-100 Cabin Interior Arrangement
(HL7206/07/08/09/10/11/12/13/14/15/16/17)

L : LAVATORY
G : GALLEY
S : STOWAGE

CLASS	SEAT
F	-
C	-
Y	109
TTL	109

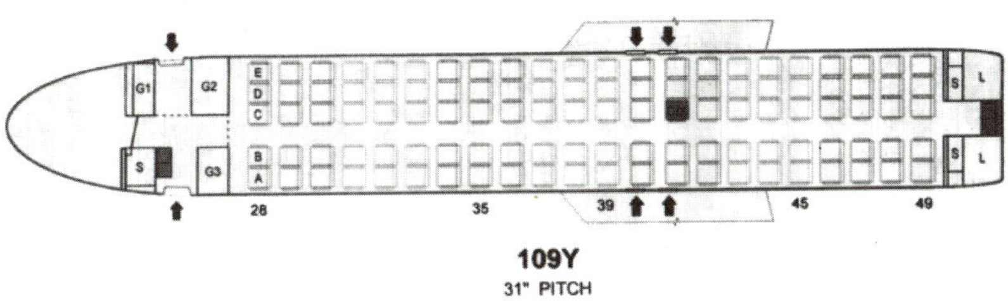

제7절 객실 서비스 등급

객실 서비스 등급은 항공사에 따라 그 명칭을 다양하게 정하고 있으나, 일반적으로 일등석(First Class), 비즈니스석(Business Class), 일반석(Economy Class)으로 구분된다. 객실은 Bulkhead라고 불리는 칸막이로 나뉘어 있으며, 객실 서비스 등급은 항공기의 구역(Zone) 구분과 마찬가지로 객실 승무원의 근무구역을 설정하는 데 주요한 기준이 된다.

그러나 저가 항공사의 경우, 탑승수속시간 절약 및 경비절감을 위해 탑승권의 좌석번호가 없이 공항도착 순서대로 구역별로 착석하도록 하는 단일등급으로 운영하기도 한다.

1. 일등석(First Class)

First Class는 객실 전방부나 Upper Deck에 위치하며 좌석 너비와 좌석 사이의 간격이 다른 등급에 비해 넓고 쾌적한 Seat Configuration을 갖추어 First Class만의 안락함과 쾌적함을 조성하는 독립된 분위기인 것이 특징이다.

좌석수는 항공사, 기종에 따라 다양하게 운영되나 대략 20석 미만이다. 최근 각 항공사별로 180° 완전 수평 좌석인 침대좌석클래스(Sleepers First Class)를 운영하여, 개인 통신시설, 개인 비디오시스템 및 소형 칸막이가 설치되어 개인의 프라이버시를 최대한 존중하는 편안한 여행을 제공하고 있다.

또한, 최신 기종의 경우 '명품좌석'이라고 칭하는 최신식 고급좌석을 장착, 독립된 공간을 제공하고 있으며, 그 밖에도 장거리 승객을 위한 간이

샤워장 설치 등 항공여행의 쾌적함과 안락함을 높인 특징이 있다.

2. 비즈니스석(Business Class)

Business Class는 First Class의 바로 후방 Main Deck 또는 Upper Deck에 위치하며, Economy Class에 추가 요금을 지불한 승객이 탑승하는 Class로서 일등석에 준하는 서비스 제공과 좌석 분위기를 갖추고 있다.

Business Class는 모든 항공사 마케팅 전략의 초점이 되는 Class이므로 각 항공사마다 특색 있는 자사만의 Business Class 명칭을 내걸고 승객에게 높은 수준의 다양한 편의시설을 제공하고 있다. 최근 국내 항공사는 비즈니스 클래스에서도 180° 로 펼쳐지는 좌석으로 일등석에 준하는 안락하고 쾌적한 휴식공간을 제공하고 있다.

3. 일반석(Economy Class)

기종별로 차이는 있으나 소형기의 경우 약 100명, 중형기의 경우 약 250~300명, 대형기의 경우 약 300~400명까지 탑승할 수 있는 일반 좌석을 일컫는다. 최근 약 600명의 탑승이 가능한 초대형 항공기가 운항되면서 향후 세계 항공시장을 주도할 것으로 예상되고 있다.

최근 항공사별로 신형 기종에는 일반석에도 등받이 각도와 좌석 간의 간격을 보다 넓히고, 좌석 하단에 발 받침대(Leg Rest)를 장착하여 운영하는 등 승객의 편의시설 확충에 더욱 주력하고 있다.

제8절 객실 시설

1. 좌 석(Seat)

1) 승객 좌석

승객 좌석은 항공사별 특징에 따라 차이가 있으나, 대부분 일등석(First Class), 비즈니스석(Business Class), 일반석(Economy Class) 등급별로 다른 형태의 좌석을 배치하고 있고, 좌석과 좌석 간의 간격(Seat Pitch)도 다르다.

좌석은 Armrest, Footrest, Seatbelt, Tray Table, Seat Pocket 등으로 구성되어 있고, 모든 승객의 좌석 밑에는 비행기가 비상사태로 인해 바다에 내렸을 경우 사용하는 비상용 구명복이 준비되어 있다.

2) 승무원 좌석(Jump Seat)

비상시 승무원의 역할 수행을 위해 각 비상구(Exit Door) 옆에 설치되어 있으며, 1~2명이 앉을 수 있도록 되어 있다. Jump Seat에 승무원 2명이 앉을 경우 Door Open의 일차적 책임은 선임 승무원에게 있다. 그리고 착석하지 않은 경우, 비상탈출 때를 대비해 자동적으로 접혀지도록 되어 있으므로 비상시 탈출에 방해가 되지 않도록 Seat Belt와 Shoulder Harness는 항상 Jump Seat 안쪽으로 정리해 놓아야 한다.

승무원 좌석 주변에는 객실 내 각 구역의 승무원 및 조종실의 운항승무원과 상호 간 연락을 취하고 필요할 때 기내 방송을 할 수 있는 인터폰과 산소마스크, 소화기 등 각종 비상장비가 장착되어 있다. 그 외, 일부 승무원좌석 주변에는 객실조명, Communication System, Pre-recorded Announcement, Boarding Music 등을 조절하는 장치가 있는 Attendant Panel이 있다.

2. 선 반(Overhead Bin)

승객 좌석의 머리 위쪽에 부착되어 있는 선반으로서 승객의 가벼운 짐이나 코트, 베개, 담요 등을 넣을 수 있는 공간을 말한다. B747, B777, A300 등 뚜껑이 있는 것을 Stowage Bin이라 하며, B727 등 없는 것을 Hatrack이라 칭한다.

3. PSU(Passenger Service Unit)

승객이 비행 중 좌석에 앉아서 이용할 수 있는 독서등, 승무원 호출버튼, Air Ventilation, 좌석벨트/금연 표시등, 내장된 산소마스크 등을 일컬으며, 좌석의 팔걸이 부분이나 머리 위 선반에 장착되어 있다.

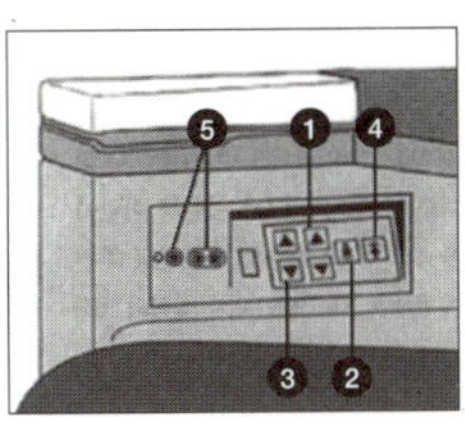

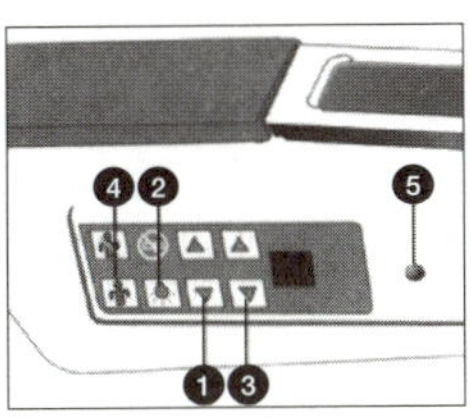

① Volume Control/음량조절
② Reading Light Switch/독서등
③ Channel Selector/ 채널선택
④ Attendant Call Button/호출버튼
⑤ Headset Jack/헤드폰잭

산소마스크(Oxygen Mask)

기내 감압현상이 발생할 때(객실 고도 14,000ft 이상) 각 승객 좌석의 선반 속에서 자동적으로 내려오도록 되어 있으며, 마스크(Mask)를 당겨 코와 입에 대면 산소가 공급되도록 되어 있다.

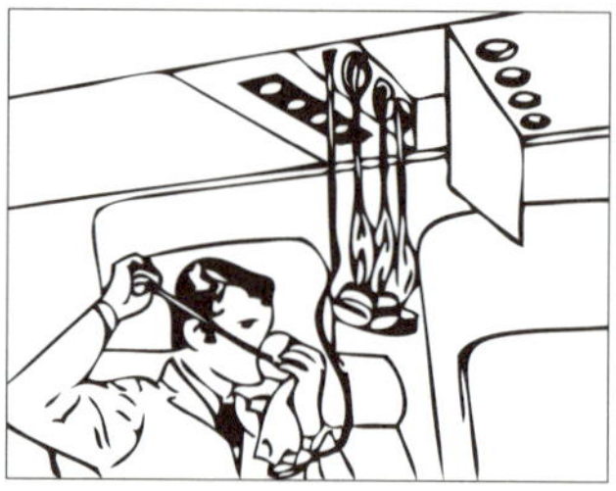

4. 주 방(Galley)

비행 중 승객에게 제공할 기내식과 음료를 저장 및 준비하는 곳으로서 Oven, Coffee Maker, Water Boiler 등의 시설을 갖추고 있다. 또 지상에서부터 탑재된 기내식 Cart와 음료 Cart, 서비스 물품 등을 각 Compartment 내에 보관할 수 있다.

5. 옷 장(Coat Room)

Coat Room은 주로 비행기 전후방, 구석진 벽면 등을 이용하여 별도의 공간이 칸막이 식으로 마련되어 있는 곳으로서 Coat Room 안에는 승객의 외투나 짐, 그리고 기타 기내용품 등을 보관할 수 있다.

6. 통 로(Aisle)

객실 내부에는 객실 앞뒤를 연결하고, 승무원이 승객에게 서비스를 제공하며 승객들이 통행할 수 있는 통로가 기종에 따라 1개 혹은 2개가 있으며, 이에 따라 항공기를 대, 중, 소형기로 구분할 수 있다. 통로가 1개인 항공기를 Narrow Body(B737, MD82 등), 2개인 항공기를 Wide Body(B747, B777, A330, A300 등)라고 칭한다.

Narrow Body

Wide Body

7. 화장실(Lavatory)

항공기 내의 화장실은 대부분의 항공사가 거의 동일한 형태로 운영되었으나 최근 들어 각 항공사별로 고급화 및 차별화 전략이 두드러지고 있는 추세이다.

기내화재 위험 방지를 위해 금연 구역으로 운용되며, 내부에 연기 감지용 Smoke Detector가 설치되어 있다. 최근 모든 항공사에서는 화장실 내에서뿐만 아니라 항공기 객실 내의 금연수칙을 강화하여 철저히 법으로 규제하고 있다.

기내 화장실의 오물 처리는?

기내 화장실의 세면대에서 사용된 물은 기내 압력과 그보다는 매우 낮은 외부 압력의 차이를 이용하여 항공기 외부로 배출된다.

항공기 내의 화장실 변기에서 사용된 오물 처리 방법은 Water Flushing Type과 Air Vacuum Type이 있으며, 구형기와 신형기가 다르다.

B747, A300, MD80, F100 등의 구형 항공기는 수세식 형태로 변기 아래 장착된 Tank에 모인 혼합물이 Filter를 거쳐 맑은 액체만 Motor가 뿜어 주어 변기의 벽을 씻어 주는 Flushing Type이며, B747-400, A300-600, MD11, B777, A330 등 신형 항공기의 경우, 항공기 맨 뒤쪽 객실 아래 화물칸 부분에 장착된 Tank에 기내 압력과 항공기 외부의 저압력인 Tank 압력 차를 이용하여 오물이 버려지게 되는 진공식(Vacuum Suction)이다.

8. 벙 크(Bunk)

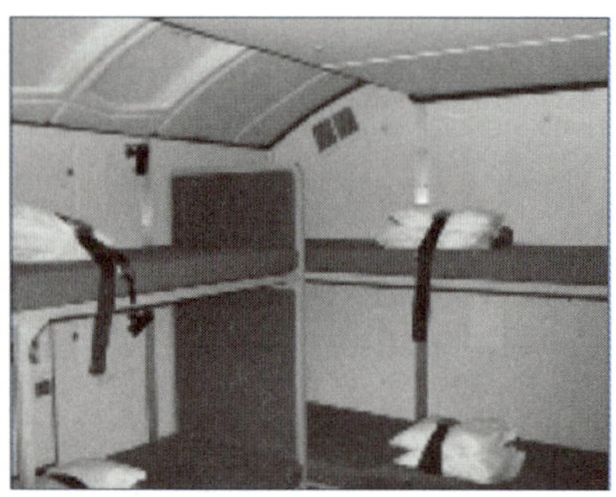

장거리 비행시(보통 10시간 이상) 승무원이 교대로 쉴 수 있는 공간으로서, 6~8개의 침대가 있다. Crew Rest Bunker가 장착되어 있는 기종은 747-400, A330-200, B777-200 등이다.

B747-400인 경우 항공기 후방 위층에 위치하며, B777이나 A330인 경우 항공기 중간 하단에 위치하고 있다.

PART 02 객실승무원의 임무와 직급체계

제1절 객실승무원의 책임과 임무
제2절 객실승무원의 직급체계

제2장
객실승무원의 임무와 직급체계

제1절 객실승무원의 책임과 임무

최초의 객실승무원은?_ 원래 여객기의 객실에서 승객에 대한 서비스를 전담하는 객실승무원은 없었으며, 부조종사가 승객에게 간단한 음료서비스 등을 담당했었다. 그러나 여객기의 발달과 함께 탑승객의 수가 증가하면서 객실전용 승무원의 탑승제도가 도입되었고, 1928년 독일의 루프트한자 항공사가 가장 먼저 남승무원을 탑승시켰다. 당시 객실승무원을 'Flight Attendant'라고 불렀으며, 이때부터 여객기에 조종요원과 객실요원의 역할이 구분되었다.

여승무원인 스튜어디스(Stewardess)의 시초는 이후 2년 뒤인 1930년 미국의 보잉에어트랜스포트회사(BAT, Boeing Air Transport, 현 유나이티드항공)에서 엘렌 처치(Ellen Church)라는 25세의 간호사를 채용하면서 부터이다.

그녀는 곡예비행을 하는 파일럿이 되는 것이 꿈이었는데 당시는 여성이 파일럿이 될 수 있는 시대가 아니었고, 또한 대부분 상류사회의 저명인사들인 승객을 돌보는 일도 여객선에서나 비행기에서나 모두 남자(Steward)들의 몫이었다. 그러나 그녀는 객실(Cabin)에서 일을 하고 싶다며 항공사에 몇 번이나 문을 두드렸고 특히 간호사는 병약한 승객들에게 반드시 훌륭한 서비스를 제공할 수 있을 것이라고 적극적으로 회사를 설득하여 채용되었다. 그리하여 엘렌 처치는 자신을 포함해 다른 7명의 여성을 모아, 사

1930년 당시 스튜어디스로 활약한 엘렌 처치의 모습

상 최초로 8명의 스튜어디스를 탄생시켰다. 그 당시 호칭은 '에어 호스티스(Air Hostess)' 또는 '에어 걸(Air Girl)'이라고 불렸다.

최초의 8명의 여승무원들

그녀들은 샌프란시스코와 시카고 사이의 정기편인 대륙 횡단편에 탑승했는데, 비행기는 DC3, 12인승 복엽기(複葉機)로 도중에 급유 또는 식사를 위해 12회나 중간 기착하면서 20시간이나 걸리는 장거리 코스였다. 때로는 논밭에 불시착하는 일이 벌어져서 다치는 승객이 발생하기도 했는데, 이들 간호사 스튜어디스들의 활약으로 인해 승객들에겐 최고의 서비스를 제공하게 되었다. 곧 승객들은 이들의 서비스에 호평을 보내게 되고 보잉사는 이 제도를 본격적으로 도입하게 되었다. 그리고 불과 2년이 채 지나지 않아 당시 미국 내 20여 개 항공사가 모두 경쟁적으로 여성 객실승무원 제도를 채택하였다. 이는 바로 유럽에 영향을 미쳐 에어프랑스(AF)의 전신인 파아망항공사(Farman Airlines)가 국제선에 스튜어디스를 탑승시키는 것을 시작으로, 1934년 스위스항공이, 이듬해엔 네덜란드의 KLM이, 그리고 1938년엔 당시 유럽 최대 항공사였던 루프트한자가 이 제도를 운용함으로써 유럽 전역에도 여승무원들의 활약이 시작되었다.

초창기의 DC3기

당시 BAT사는 '간호사 자격을 갖고, 성격이 원만하고 교양이 있으며, 키가 5피트 4인치(162cm) 이하, 몸무게 118파운드(51.189kg) 이하, 나이 20~26세 이하의 독신여성'이라는 조건을 붙였는데, 이는 당시 비행기의 객실이 좁고 천장이 낮은 데서 연유하는 것으로 보인다. 또 당시에는 스튜어디스가 탑승수속 업무까지 담당했으며, 승객의 몸무게와 수하물의 무게를 측량하는 일을 했다.

1. 객실승무원의 정의와 책임

객실승무원은 남·녀 승무원을 총칭하여 승객의 안전하고 쾌적한 여행을 위해 객실에 탑승하여 근무하는 사람을 말한다.

항공법 제2조 3호에서 말하는 승무원은 항공기에 탑승하여 비상탈출의 진행 등 안전업무를 수행하는 사람으로서, 승무(On-Duty Flight)는 객실승무원이 항공기에 탑승하여 소정의 업무를 수행하는 것을 말한다.

객실승무원은 승객을 목적지까지 안전하고 쾌적하게 운송하여야 하는 책임과 운송 중 승객의 요구를 충족시켜 편안한 여행이 될 수 있도록 할 의무가 있다.

비행기를 이용하는 사람들은 비행기의 입구에 들어서면서부터 밝은 미소의 승무원과 먼저 마주치게 되며, 그 순간 해당 항공사의 첫인상과 서비스에 대한 평가는 이미 절반은 이루어졌다고 볼 수 있다. 즉, 객실승무원은 탑승구에서 승객을 맞이하는 것에서부터 승객이 내리기까지의 전 과정에 참여하게 되므로, 승객은 비행 내내 마주치는 승무원들의 이미지로 항공사를 평가하고 기억하게 된다. 그러므로 항공사 구성원 중 다수를 차지하고 있는 객실승무원의 역할은 더욱 커지고 있으며, 이들은 국내외로 여행하는 수많은 외국인에 대한 민간 외교관의 역할을 한다고 할 수 있다.

2. 객실승무원의 임무

객실승무원이 하는 일은 탑승한 승객들이 비행기에서 내릴 때까지 비행시간을 안전하고 편안히 보낼 수 있도록 도와주는 역할이다.

객실승무원의 임무를 요약하면 다음과 같다.

- 운항 전 브리핑(Briefing)에 참석하여 필요한 사항을 확인한다.
- 객실 내의 비상장비, 의료장비 및 기타 비품을 점검한다.
- 운항 전후 기내 안전 및 보안점검을 실시하고, 그 결과를 기장에게 보고한다.
- 객실에 탑재된 수하물 점검 및 탑재상태를 파악한다.

- 승객에게 Safety Instruction을 실시한다.
- 운항 및 안전에 관하여 기장이 지시하는 업무를 수행한다.
- 승객 탑승 전후 객실 내의 상황을 기장에게 보고한다.

이외에도 일상적인 업무는 아니지만 객실승무원의 가장 중요한 임무 중 하나는 비상사태 발생시 승객들을 안심시키며 비상사태 발생에 따른 피해를 최소화하기 위해 필요한 조치를 취하는 것이다. 또한 만일의 경우, 비상착륙시는 승객들을 신속하고 안전하게 탈출시켜야 한다.

객실승무원의 근무환경_ 객실승무원이 근무하게 되는 항공기 객실은 제한된 좁은 공간, 탁한 공기, 낮은 기압과 습도 등 일반 사무실과는 매우 다르다. 또한 객실승무원은 이러한 여건 속에서 다양한 승객에게 장시간 노출되어 있으며, 주야 구분 없는 근무 형태이므로 시차 문제로 인한 생체리듬의 불균형으로 인해 체력 저하, 피부 노화 등의 건강문제가 뒤따르게 된다.

이러한 여건 속에서도 객실승무원의 임무가 승객의 쾌적하고 안전한 여행이라는 점을 항상 명심하고 비행 중 안전업무에 최선의 노력을 기울여야 할 것이다.

제2절 객실승무원의 직급체계

1. 직급체계

항공사별로 객실승무원의 직급체계에 약간의 차이는 있으나 일반적으로 다음과 같이 구분하며, 공통적으로 여러 단계의 진급과정을 거치게 된다.

처음 입사한 신입승무원들은 회사 규정에 따라 일정 기간 동안 비행근무를 한 후 자격심사를 거쳐 부사무장(Assistant Purser)이 된다. 이를 보통 영어 알파벳의 앞 글자를 따서 AP라고 부르는데 AP가 되고 나서 일정 근무기간이 지나면 항공기 객실의 관리자격인 사무장(Purser)으로 진급할 수 있는 자격이 주어진다.

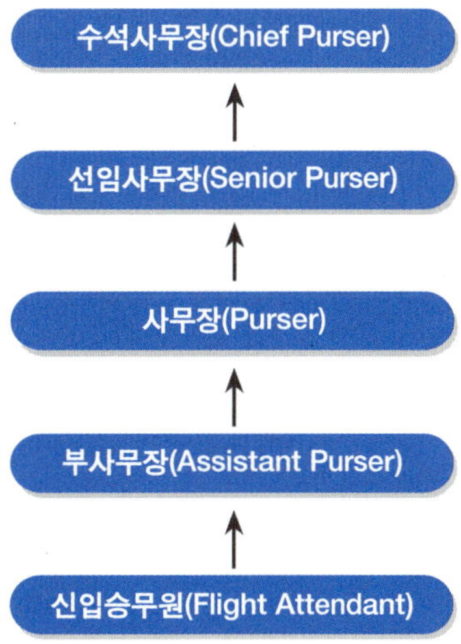

그리고 다시 사무장에서 일정 연한 근무 후 선임사무장(Senior Purser)으로의 진급기회가 주어지고, 그 다음 승무원직 중에서는 최고의 직급인 수석사무장(Chief Purser)이 될 수 있는 자격이 주어진다.

2. 직책별 임무

1) 객실 팀장(Duty Purser)

해당 항공편에 탑승한 승무원 구성팀의 최상위 직급자로서 승객 서비스에 관련된 제반사항, 객실승무원 지도, 객실 업무관리 및 객실서비스의 책임을 맡는다.

- 객실 브리핑 주관 및 승무원의 업무 할당
- 비행 중 기내 설비 및 장비의 기능점검 확인
- 기내 서비스 진행 관리 및 감독

- 항공기 출입항 서류 및 Ship Pouch 등 제반 서류 관리
- 기내방송 관리 감독
- VIP, CIP 등 Special 승객 등에 대한 처리
- 비행 중 발생하는 Irregularity 상황의 해결 및 보고
- 운항 승무원과의 Communication

이륙 전 비상장비 및 보안장비 점검 결과, Door Close 준비 완료, 객실 이륙준비 완료 통보 등 객실 및 승객의 안전에 관한 사항을 파악하여 기장에게 보고

- 안전 비행을 위한 제반 조치
- 해외 체재 때 승무원 관리 및 해외 지사와의 업무연계 체제 유지

2) 객실 부팀장(Assistant Purser)

팀장 유고 때 그 임무를 대행하며, 승무 중에는 다음의 업무를 수행한다.

- 팀장 업무 보좌
- 팀장의 임무 수행이 불가능한 경우 팀장 업무 대행
- 일반석 서비스 진행 및 관리
- 서비스용품 탑재 확인
- 비행 안전 업무
- 수습 승무원 훈련 지도 및 평가
- 일반 승무원 업무 및 기타 팀장으로부터 위임받은 업무 수행

3) 객실승무원

비행 중 각자에게 할당된 기내 서비스 업무를 담당한다.

4) 현지 여승무원

비행 근무 중 할당된 기내 서비스 업무를 담당하며, 해당 언어권의 현지 승객을 위한 의사소통을 담당한다. 비행 중 실시되는 안내방송을 해당 현지어로 실시한다.

항공기별 객실승무원 탑승 기준

객실승무원의 탑승 인원은 효율적인 서비스 업무수행, Class별 서비스 수준 유지 및 비행 안전 등을 고려하여 결정하되 승객의 비행 안전 확보를 위한 최소 탑승 인원수를 유지해야 한다. 기종별, 노선별 승무원 탑승 인원 및 편성 기준은 별도 정한 바에 의하며, 국제선의 경우 비행편의 승객 탑승률(Load Factor)에 따라 조정되기도 한다.

3. 관리체제

일정한 장소와 규칙적인 시간의 근무형태가 아닌 객실승무원들에 대한 관리체제는 항공사마다 다소 차이가 있으나 소규모 단위조직인 팀으로 나뉘어 운영되며, 한 팀에는 보통 15~18명 정도의 승무원이 각 직책별로 배속된다.

팀의 효율적인 운영과 비행업무 내용을 고려하여 팀의 리더인 팀장에서부터 부팀장, 상위 클래스 서비스훈련 이수자, 방송 상위 등급자 등 자격요건에 맞추어 고르게 업무가 배정되도록 팀원이 구성되며, 그에 따른 객실승무원의 관리가 이루어진다.

4. 지휘체계

항공기 운항 및 안전운항에 관한 총책임은 기장에게 있으며, 기내 서비스에 대한 책임은 객실 팀장에게 있다. 즉, 기장은 합동브리핑 시점부터 비행이 종료되는 시점(숙소 이동시간 포함)까지 모든 승무원에 대한 책임 및 지휘권한을 갖는다. 단, 해외체제기간 중 객실승무원에 대한 지휘책임은 객실 사무장에게 있다.

운항 중 객실승무원의 지휘계통

- 기장
- 객실 팀장
- 객실 부팀장
- 일반 객실승무원

객실승무원 Team Work_ 항공사 객실팀은 각각의 팀이 정해진 스케줄에 따라 움직이는 하나의 독립기업과 같은 현장 운영조직이다. 객실팀이 일반 사무실 내의 팀조직과 다른 점은 팀원들이 시간적, 공간적으로 제한된 항공기 내에서뿐만 아니라, 해외체재시에도 함께 체류하는 시간이 길다는 점을 들 수 있다. 이러한 특성으로 인해 객실승무원 구성원 사이에는 연대의식과 단체행동 등 공통적 유대가 강하게 형성된다. 특히 한 달의 반 이상을 해외에서 생활하면서 숙식을 함께하는 업무 특성상 팀원들은 동료이자 제2의 가족 같은 존재이다. 그리고 이러한 팀원 간에는 유기적 일체감을 공유하게 되며 이는 곧 팀워크(Team Work)로 연결되어 업무의 큰 활력소가 되는 것이다.

즉, 한 팀의 효율성 수준을 결정하는 요인으로 팀원 개개인의 능력보다는 팀장의 리더십을 중심으로 하는 팀구성원 팀워크의 역할이 크다고 할 수 있다. 이 때문에 항공사에서는 무엇보다 구성원들끼리 상호 존중할 수 있는 성품을 지니고, 동료를 존중할 줄 알며, 타부서의 직원들과 좋은 관계를 유지할 수 있는 팀플레이어 선발을 중요하게 생각하고 있다.

일례로 유나이티드항공(United Airlines)은 1980년대 초 최초로 승무원자원관리(CRM : Crew Resource Management) 프로그램을 개발하여 현재까지 승무원 교육에 활용하고 있는데, 이는 효과적인 커뮤니케이션과 피드백, 팀워크(Team Work) 강화, 그룹문제의 해결, 효과적인 업무분배, 상황인식의 공유 등 팀조직에 관한 내용들로 구성되어 있다.

그러므로 객실승무원 상호 간 및 운항승무원과의 협조와 원활한 의사소통은 탑승승무원의 Team Work 형성과 안전한 비행을 위하여 매우 중요하다. 특히 비상상황 발생시 매우 중요한 필수요건이 된다.

03 PART 비행절차별 안전업무

제3장
비행절차별 안전업무

제1절 이륙 전 안전업무

1. 비행근무 전

1) 객실브리핑

객실승무원은 근무규정에 정해진 시간 및 장소에서 객실 사무장이 주관하는 객실브리핑에 참석해야 한다. 객실브리핑에 참석할 때는 여권, 비자 등 비행근무에 필요한 휴대품 및 비행에 필요한 서류를 소지하고, 비행 준비를 완전하게 갖춘 상태여야 한다.

■ **객실승무원 필수 휴대품**

- 여권 및 VISA
- 직원 신분증(ID Card)
- 근무규정집 및 서비스매뉴얼
- 출입국 및 비행 근무에 필요한 서류
- 국제선/국내선 Time Table, 메모지
- 기타 개인 휴대품으로 지정된 물품
- 기내방송문(방송담당자)

또한, 객실브리핑에 참석하기 전에 다음의 사항을 사전에 확인, 점검하여 비행 근무에 차질이 없도록 해야 한다.

- 해당편 Briefing Sheet
- 기장 성명, 객실 사무장 성명, 자신에게 할당된 Duty
- 탑승기종 관련사항(항공기 장비/시스템, 비상사태 처리 절차, 객실설비 등)
- 목적지 정보(시차, 입국서류 및 검역절차, 면세기준, 공항정보 및 Transit 절차 등)
- 업무지시와 공지사항
- 기내 서비스 절차

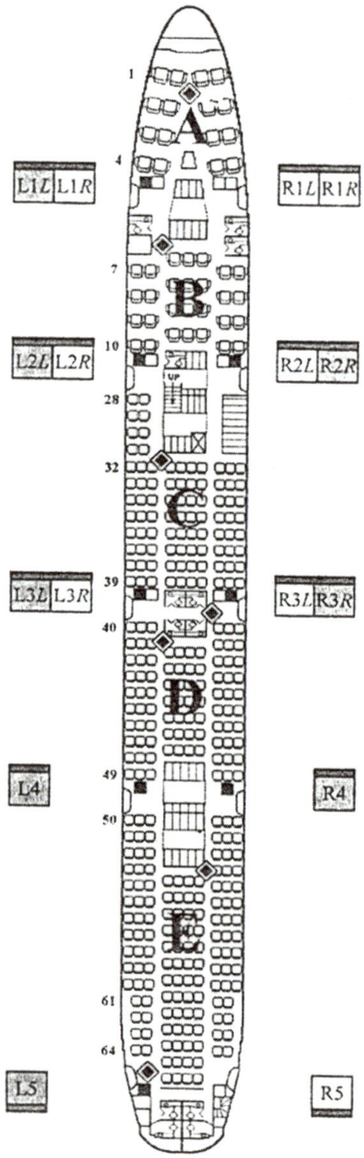

■ **객실브리핑 내용**

- 비행 준비사항
  - 승무원 인원 확인(Duty, Extra, Ferry 인원 포함)
  - 각 승무원 Duty 확인
  - 필수 휴대품 소지 여부 확인
  - 용모 및 복장 점검
- 비행 정보
  - 해당 편 출/도착 시각(시차 및 비행시간)
  - 항공기종
  - 승객상황 점검(예약 상황, Special 승객 등)
  - 각 클래스별 기내식 메뉴
  - 목적지 정보 및 노선 특이사항
- 업무지식 점검
  - 해당 노선과 관련한 서비스 사항
    기내 서비스 순서 및 절차
  - 기종에 따른 안전/보안 관련 숙지사항
    비상/보안 장비 점검
    비상구 작동법

비상 처리 절차

- 기타 전달사항 및 강조사항

2) 항공기 탑승

객실승무원은 객실브리핑 후, 탑승수속을 마치고 정해진 시각에 항공기에 탑승하여야 한다. 단, 항공기 탑승시각은 사무장의 판단에 따라 당겨질 수 있으며, 연결 편 관계로 근무 예정인 항공기의 도착이 지연될 경우, 가능하면 항공기가 도착하는 장소 근처에서 대기하도록 한다.

3) 합동브리핑

합동브리핑은 정해진 시간 및 장소에서 기장의 주관하에 실시된다. 객실승무원은 기장으로부터 전달받는 합동브리핑의 내용을 숙지하고 비행근무에 임해야 한다.

■ **합동브리핑 내용**

- 계획된 비행시간, 고도, 항로
- 항로상, 목적지 기상(예상되는 Turbulence 고도, 시간, 신호 방법)
- 승객 예약상황 및 VIP, CIP, Extra Crew, 환자 등
- 화물상황 : 탑재량, 고가품 등
- 특별한 CIQ 절차
- 조종실 출입 절차 및 기내보안 사항
- 비행 중 안전 고려사항 : 좌석벨트 착용 운영방법, Turbulence시 PA 운영방법 등
- 비상 절차 : 비상 신호 사용, 비상구, Slide 사용, 비상탈출 등
- 기타 비행 중 기장과 객실승무원 간의 협조사항

2. 승객탑승 전

1) 비행 전 점검(Pre-Flight Check)

객실승무원은 항공기 탑승 후 각자 배정된 Duty 구역에 따라 기내안전, 보안 및 서비스에 대한 Pre-Flight Check(비행 전 점검)를 실시한다. 비행 전 점검은 비행 중 승객의 안전한 여행과 객실승무원의 원활한 업무수행을 위해 정확하고 신속하게 실시해야 한다.

① 승무원 짐 보관 정리

객실승무원의 기내 반입 휴대수하물은 회사가 지급한 Flight Bag 1개와 Hanger 1개로 제한되며, 항공기 탑승 후 다음의 적절한 장소에 안전하게 보관, 정리한다.

- Overhead Bin(단, 승객의 안전과 편의를 최우선으로 고려하여 사용한다.)
- Door가 장착된 Coat Room
- 좌석 하단으로서 전방과 통로측 방향에 고정 장치가 설치되어 있는 공간

② 담당구역 비상/보안장비 점검

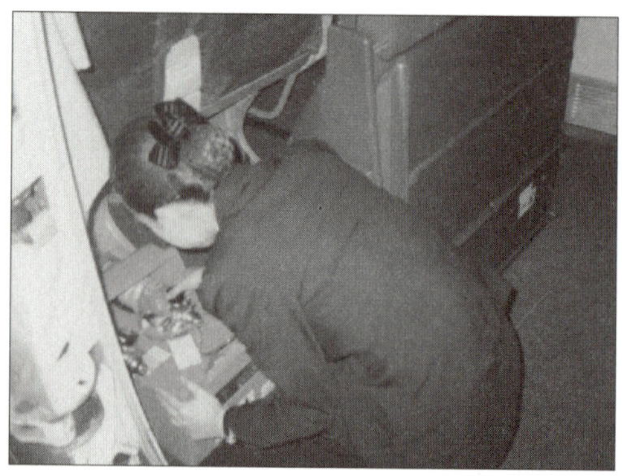

객실승무원은 각자 근무를 배정받은 담당구역의 승무원 좌석에 있는 비상/보안 장비 점검을 실시하여 그 결과를 객실 사무장에게 보고한다. 이는 항공기 사고를 미연에 방지하고, 만일의 비상사태 발생시 신속하게 장비를 이용하여 대처하기 위해 탑재된 각종 비상장비의 위치, 작동법, 이상 유무 등을 점검하는 업무이다.

■ **일반 안전장비**

담당구역 Jump Seat 내 승무원 구명복, Safety Demo 용구

- **화재예방 및 진압장비**

  H_2O 소화기, Halon 소화기, PBE, Smoke Detector

- **비상탈출장비**

  Door 주변 점검(Door Slide Mode, Locking 상태), Flash Light, Megaphone 등

- **응급조치장비(의료장비)**

  PO_2 Bottle, Medical Bag, First Aid Kit 등

- **보안장비**

  비상벨, 방폭 매트 등

	장비	점검사항
일반 안전장비	승무원 구명복	정위치, 수량 및 상태
	데모용구	수량 및 상태
화재예방 및 진압장비	Halon 소화기	정위치, SEAL 상태, 압력 게이지 상태(그린)
	H_2O 소화기	정위치, SEAL 상태
	PBE(Protective Breathing Equipment)	정위치 보관상태(진공상태)
	Smoke Detector	위치, 이물질 유무 확인, 작동여부
의료장비	PO_2 Bottle (Portable Oxygen Bottle)	정위치 마스크와 튜브상태 마스크와 PO_2 Outlet의 연결상태 압력 게이지 상태
	FAK(First Aid Kit)	정위치, Seal 상태
	Medical Bag	내용물, 수량 확인
	EMK(Emergency Medical Kit)	정위치, Seal 상태
	AED(Automated External Defibrillator)	정위치, Battery 상태(녹색)
	Resuscitator Bag Universal Precaution Kit(UPK)	정위치, 상태
비상탈출장비	ELT(Emergency Locator Transmitter)	정위치, 장탈법, 포장상태
	Megaphone	정위치, 작동여부, 고정상태
	Flash Light	정위치, 작동여부, 충전지시등 점멸상태
	ELS(Emergency Light System)	위치 확인
보안장비	비상벨	위치, 사용법
	방폭담요	장비 수량 및 상태

③ 객실 설비 점검

항공기 객실에는 승객 좌석의 편의시설 및 기내서비스 제공을 위한 다양한 객실 설비가 있다. 객실승무원은 비행 전 점검시 기내 각종 설비에 이상이 없는지를 점검하며, 기종에 따라 사양과 작동방법이 다소 차이가 있으므로 사전 숙지하여 사용에 주의해야 한다. 또한, 담당 구역별로 기내 청소작업상태를 점검해야 한다.

- **객실 전체**
  - 객실통로, Overhead Bin, Coat Room, Crew Rest Area(Bunk) 등의 청소상태 및 유해물질 탑재 여부 확인
- **승객 좌석**
  - 구명복, Seat Belt, Tray Table 상태
  - Seat Pocket Item 확인(Air Sickness Bag, Safety Information Card, 기내지 등)
  - 승객 개별 Monitor/ Screen 상태 확인
- **Galley 장비**
  - Galley Duty는 Galley에 설치되어 있는 Waste Container, Sink, Floor 등 장비의 정상 작동 여부 및 인화성 물질 여부 확인
- **Lavatory 장비**
  - 화장실의 청결상태 확인
  - Toilet Bowl, 화장실 비품 Setting 및 유해물질 탑재 여부
  - Water Basin, Flushing 상태 확인
  - Compartment Locking 상태 확인
  - Smoking Detector 위치, 작동 및 이물질 여부 확인

④ 객실시스템 점검

- **객실 조명시스템**
  - 객실 사무장 또는 객실 부사무장은 객실조명을 단계별로 조절하여 작동이상 유무를 확인한다.
  - 객실 대부분의 기내조명은 Cabin Attendant Station(Panel)에서 조절이 가능하다.

- **Communication 시스템**
  - Passenger Call System : 승객이 PSU에 설치되어 있는 승무원 Call Button을 이용하여 승무원을 호출할 때 사용된다. 승무원은 Master Call Light Display[3]의 색깔 표시와 함께 울리는 Chime으로 승객 좌석이나 화장실에서의 승객 호출을 인지할 수 있게 되며, 그 외 승무원 상호 간의 호출 인지도 가능하다.
  - Public Address System/Interphone System : 모든 객실승무원은 자신의 담당 Station에 설치되어 있는 Handset의 통화기능을 비행 전에 점검한다. 특히 객실 사무장 및 방송담당 승무원은 PA 기능 및 음량상태를 점검하고 다른 승무원이 Monitor(기장방송 포함)하도록 하여 기내방송효과를 극대화할 수 있도록 한다.
- **Entertainment 시스템**
  - 기내에서 승객에게 제공되는 기내 상영물과 관련하여 오디오/비디오 서비스 시스템 및 비디오 스크린과 모니터 등의 기능과 상태를 점검한다.

⑤ Catering Item 점검

- 각 갤리 Duty는 해당노선에 필요한 서비스 기물, 서비스 물품 및 기내식의 탑재 내역을 최종 확인하고 객실 부사무장에게 보고한다.
- Carrier Box, Cart, Compartment 외부에 기재되어 있는 품목을 확인한다.

객실 사무장은 항공기 장비/시스템/설비의 이상이나 Catering Item의 미탑재 등으로 인한 항공기 출발 지연 시, 기장 및 담당 직원에게 즉시 통보하여 필요한 조치가 즉각 이루어지도록 해야 한다.

3) Master Call Light Display 구분
Blue : 승객 좌석에서의 호출, Red : 조종실이나 다른 승무원의 호출, Amber : 화장실에서의 호출.

2) 승객 탑승 준비

① 지상 서비스 준비

- **신문/잡지 서비스**
  - Serving Cart를 이용하여 신문을 제호가 보이도록 준비한다. 신문 Cart수는 탑승구수에 따라 1대 또는 2대를 준비하며, 신문 Setting 후 Serving Cart를 항공기 밖 Bridge 접속부분 또는 Step Car 상단에 비치한다.
  - 잡지는 종류별로 제호가 보이도록 기내 Magazine Rack에 가지런히 Setting한다.
- **기타 클래스별 지상 서비스**
  - 일반석(장거리인 경우 Earphone, Amenity Kit), 상위클래스(Welcome Drink 서비스) 등 클래스별 지상 서비스 내용을 준비한다.

② 기타 준비

- 승객이 탑승을 시작하기 전에 각 승무원은 담당 구역에 Stand By(약 2~3분 전)한다. 이때 담당구역의 Overhead Bin을 열어두어 승객 탑승시 비어 있는 Overhead Bin을 쉽게 찾을 수 있도록 한다.
- 객실 사무장은 승객 탑승과 하기 시 Boarding Music을 ON하며, Boarding Music이 은은하게 들릴 수 있도록 Volume을 조절한다.

구 분	ON	OFF
출발 시	승객 탑승 전	DEMO 상영 직전
도착 시	Farewell 방송 후	승무원 하기 전

3. 승객 탑승 중

1) 좌석 안내

- 승객 탑승은 통상 비행 출발 약 30분 전부터 시작되며, 이때 승무원은 각자 정해진 구

역(Zone)의 위치에서 탑승하는 승객에게 환영 인사와 함께 탑승권에 기입된 좌석을 안내하고 승객 휴대수하물 보관 정리에 협조한다. 해당 편에 좌석 여유가 있는 경우라도 원칙적으로 승객의 탑승권에 기입된 좌석에 착석하도록 안내한다.

승객 탑승 Priority

Stretcher 승객이나 다른 운송제한 승객(UM, 휠체어 승객)이 있을 경우, 운송 직원의 요청에 따라 일반 승객이 탑승하기 직전 먼저 기내 탑승이 실시된다. 일반적으로 국제선의 경우 일등석과 비즈니스석의 전용 탑승구가 따로 설치되어 있어 있으며, 일반석 승객의 탑승은 객실 후반 승객 먼저 탑승하도록 안내방송을 실시하고 있다.

탑승 거절이 가능한 승객

다음에 해당하는 승객이 발견되는 경우, 객실 사무장은 기장에게 통보하고, 운송책임자와 협의 절차를 거쳐 탑승여부를 결정하게 된다.

- 만취한 상태이거나 약물에 의한 영향을 받은 것으로 보이는 승객
- 전염병을 앓고 있는 승객
- 정신적으로 불안정하여 타인을 위해할 우려가 있는 승객
- 타인에게 불쾌감을 주는 특성을 보이는 승객

- 담당구역에 노약자나 어린이, 비동반 유아(UM), 환자, 장애승객 및 유아 동반 승객 등 승무원의 도움이 필요하다고 판단되는 승객들을 적극적으로 안내한다. 이때 특히 장거리 비행인 경우, 몸이 불편한 승객이 없는지 주의 깊게 살핀다.

도움이 필요한 승객을 위한 탑승 안내

- 좌석 안내 및 수하물 보관에 협조한다(유모차 등).
- 승무원 호출 버튼, 좌석벨트, 좌석 사용법, 화장실 위치 및 사용방법 등을 설명한다.
- 장애 승객의 경우, 승객의 요구에 협조한다.

아기를 동반한 승객

- 보호자만 벨트를 착용하고 아기는 벨트 밖으로 안도록 안내한다.
- 유아용 요람 장착 및 특별식 주문 여부를 미리 확인한다.
- 비행 중 사용할 비닐 백을 미리 제공한다.
- 좌석을 구매한 경우에 한해 기내 유/소아 안전의자의 사용이 보장되며, 사용시 좌석벨트를 사용하여 승객 좌석에 단단히 고정시켜 이착륙시 움직이지 않도록 해야 한다. 단, 통로측, 비상구, Overwing Exit 앞뒤 좌석은 어린이 안전의자가 허용되지 않는다.

- 두 명의 승객 좌석이 중복된 경우, 먼저 승객의 탑승권을 보고 날짜, 편명, 이름, 좌석 번호 등을 확인한다. 좌석 중복 배정으로 판명될 경우에는 우선 승객에게 정중히 사과하고 나중에 탑승한 승객에게는 가까운 승무원 좌석에서 잠시 기다리도록 안내한다. 팀장에게 보고하여 지상 직원으로부터 좌석 재배정을 받은 후 재배정된 승객을 안내한다.
- 비상구 주변 좌석에 만일의 비상탈출 때 도움이 될 수 있는 적합한 승객의 탑승 여부를 확인하고 해당 승객에게는 비상시에 대비하여 비상구 좌석 착석에 관한 브리핑을 실시한다. 항공기 Door Close 전 팀장에게 이상 유무를 보고한다.

NOTES:

비상구 좌석 착석 승객_ 비상구 주변 좌석에 착석하는 승객은 만일의 사태에 대비하여 비상시에 승무원을 도울 수 있는 승객으로 제한하여 배정해야 한다. 즉, 여성이나 노약자, 어린이보다는 건장한 남성 위주로 좌석배정을 하도록 하며, 객실승무원은 승객의 탑승 직후부터 항공기의 Push Back 이전에 비상구 좌석에 배정된 승객의 적정성을 확인한다.

만일 비행 중 긴급 탈출을 해야 하는 상황이 발행하면 비상구 주변 좌석 착석 승객은 승무원에 협조하고 지시에 따라야 한다는 내용이 항공사 내부규정에 나와 있다. 이는 '비상구 좌석 협조 요청사항', '비상구 좌석 행동 요령'이라고 되어 있는데 비상상황이 발생하면 승객이 탈출할 수 있도록 승무원의 구두 및 수신호에 따라 행동하고 객실승무원을 도와야 한다는 것이 주된 내용이다.

- 우선 승무원이 비상구를 개방하고 탈출용 미끄럼대가 완전히 펼쳐질 때까지 다른 승객들이 밖으로 나가지 못하도록 막고,
- 탈출용 미끄럼대가 완전히 펼쳐지면 제일 먼저 항공기 아래로 내려가고 나서,
- 뒤따라 내려오는 승객들을 받쳐주는 일을 한다.
- 그리고 탈출한 승객들을 기체의 폭발에 대비하여 안전한 지점으로 피신하라고 큰 소리로 외치면서 유도한다.
- 그 외 필요한 사항은 시점에 따라 승무원의 구체적인 지시에 협조한다.

이 좌석 배정의 우선순위는 교대근무를 위한 추가 탑승승무원이고 그 다음이 항공사 직원, 그리고 승객 중에서 비상시 승무원의 지시에 따라 비상구를 작동하고, 다른 승객들의 이동을 도울 수 있는 신체 건강한 승객으로 이어진다. 단, 승무원의 지시에 협력할 의사가 있는 사람이라야 하며 안전규칙 내용과 한국어 또는 영어를 이해하지 못하는 승객, 청력, 시력, 언어장애가 있는 승객은 본인이 원하더라도 그 좌석에는 앉힐 수 없다. 따라서 비상구 주변 좌석은 사전 좌석예약이 불가능하고 반드시 공항 현장에서 승객을 확인 후 배정하고 있으며 환자, 15세 미만의 어린이, 노약자, 유아동반 승객, 신체부 자유자 등은 배정하지 않고 있다.

유형별 운송제한승객 응대요령_

운송제한승객(R.P.A.승객 : Restricted Passenger Advice)은 항공사측이 항공기의 안전상 또는 승객의 심신상의 이유로 항공사가 정한 일정 조건에 의해 운송하는 승객을 말하며, 비행 중 승무원의 세심한 서비스가 필요하다.

■ 비동반 소아(UM : Unaccompanied Minor)

생후 5세 이상, 만 12세 미만의 소아가 성인 동반자 없이 여행하는 경우이며 혼자 여행하는 데 대한 불안한 마음을 가지고 있으므로 비행 중 승무원의 따뜻한 배려가 필요하다.

- 식사 서비스 때 기내식에 관한 내용을 설명하고 관심을 가진다.
- 어린이 Giveaway를 제공한다.
- 비행 중 불편한 점이 없는지 수시로 관심을 갖고 돌본다.
- 착륙 전 소지품을 확인하고 수하물 정리에 도움을 준다.

유아 동반 승객의 경우

- 유아승객 적용범위는 국제선인 경우 생후 14일부터 2세 미만, 국내선인 경우 생후 7일부터 2세 미만이다.
- 비행 중 불편한 점이 없는지 수시로 관심을 가지고 협조한다.
- 수유, 유아식 제공 때, 보호자 화장실 이용 때 협조한다.
- 입국 서류 작성에 협조한다.
- 착륙 전 수하물 정리에 협조한다.

■ 보행 장애 승객

자력으로 이동이 가능하나 긴급사태 발생 때 타인의 도움이 없이는 탈출이 곤란한 승객으로, 일반적으로 Wheel Chair 승객을 말한다.

- 비행 중 불편한 점이 없는지 수시로 살핀다.
- 착륙 전 수하물 정리에 협조한다.
- 필요시 착륙 전 Wheel Chair의 사전 대기 요청을 하고, 하기 때 Wheel Chair 이용 때까지 협조한다.

■ **맹 인**(Blind)

성인 승객 또는 맹인 인도견이 동반하는 경우는 정상 승객과 동일하게 운송되나 비동반 맹인의 경우는 운송제한 승객으로 분류된다.

- 성인 동반자가 없는 경우 담당 승무원은 기내 시설물 사용법, 위치 및 기타 필요한 정보를 안내한다.
- 비행 중 불편한 점이 없는지 수시로 살핀다.
- 식사 서비스 때 기내식에 관한 내용을 설명하고 필요시 협조한다.
- 입국 서류 작성에 협조한다.
- 착륙 전 도착 시간, 날씨 및 연결편 등을 안내한다.
- 하기 때 수하물 정리에 협조한다.

■ **TWOV**(Transit Without Visa)

중간 기착지 국가의 입국 비자가 없는 통과승객을 말한다. TWOV 승객의 운송을 허용한 항공사는 제3국으로 출발시까지 TWOV 승객에 대한 책임을 진다. 지상직원은 승객의 목적지 국가의 입국에 필요한 여권과 서류를 봉투에 담아 사무장에게 인계하며, 서류봉투는 목적지에 도착하기 전 승객에게 돌려준다.

2) 수하물 안내

① 수하물 운송 규정

- 승객의 짐은 세관, 보안검사 후 기내 휴대가능 품목과 휴대제한 품목으로 분류된다.
- 휴대수하물은 원칙적으로 기내에서 승객이 직접 관리하도록 하며, 부득이 비행 중 승무원에게 보관을 부탁한 위탁물품은 승객 하기 때 승객에게 반환한다. 승객이 부탁한 냉장물품 및 기타 보관물품은 중간 기착지 등 승무원 교대 시점에서 반드시 승객에게 반환하고 다음 교대 승무원에게 다시 맡기도록 한다.
- 휴대제한 품목은 지상 직원에 의해 따로 분류되어 화물칸(Cargo)에 탑재되어 목적지 공항에서 찾을 수 있는 품목을 말한다. 승객 탑승 때 초과 휴대수하물이 발견될 경우, 해당 승객에게 초과 수하물의 기내 반입이 불가함을 설명하고 출발담당 운송 직원에게 화물실 탑재 조치를 요청하여 승객의 최종 목적지까지 일반화물로 보내도록 조치된다.
- 비행안전상 위탁수화물은 승객이 탑승하지 않으면 무조건 하기한다.

② 수하물 점검 및 보관상태 확인

- 승객의 과다 수하물은 비상사태 발생시 비상구나 통로를 막아 승객의 신속한 탈출에 방해요인이 될 수 있으므로 비상구 주변(Door Side)나 객실 통로 주변에 짐이 방치되지 않도록 한다. 또한, 규정에 맞지 않거나 정해진 위치에 보관되지 않은 수하물은 비행 중 기체요동이 발생하는 경우 승객 부상의 원인이 될 수 있으므로 규정된 휴대수하물 관리가 중요하다.
- 가벼운 물건은 선반 위에 보관하도록 하나 무거운 물건, 깨지기 쉬운 물건은 좌석 밑에 보관하여 승객의 안전에 유의한다. 또한, 선반에서 떨어지는 물건에 의해 발생하는 부상을 방지하기 위해 선반을 열고 닫을 때 항상 주의해야 한다.
- 부피가 큰 물건은 Coat Room에 보관 Tag을 이용하여 보관한다.

수하물 규정

■ 무료 휴대수하물(Carry-on Baggage)

승객이 자신의 관리책임하에 기내까지 직접 휴대하는 수하물을 말하며, 통상 Carry-on Baggage, Hand Carried Baggage라고 칭한다. 이는 승객 좌석 밑이나 기내 선반에 올려놓을 수 있는 물품이어야 하며, 운송 중 승객이 직접 보관 관리하고 파손 및 분실 등에 대해 항공사는 책임지지 않는다. 무료 휴대수하물의 허용량은 승객의 좌석 공간을 고려하여 기내 휴대가 가능한 크기인 세 면의 합계가 115cm 이내인 수하물 1개로 그 크기와 수량이 제한되나 등급별로 약간의 차이가 있다(일등석, 비즈니스석의 경우 수하물 2개 허용).

■ 제한적으로 기내반입이 가능한 품목

무료 휴대수하물 외에, 코트, 카메라, 서류가방, 핸드백, 지팡이, 유아용 요람, 소형 악기, 목발(스쿠버 장비 안 됨) 등은 휴대수하물에 추가 허용되며, 소량의 개인용 화장품, 용기당 0.5kg의 향수, Hair Spray 등은 반입이 가능하다. 또한, 개인적 목적으로 사용하기 위한 1개 이하의 라이터 및 성냥도 기내휴대가 가능하다(단, 라이터, 성냥의 기내 반입은 출발지 국가별 규정이 다를 수 있다). 그 외, 여행 중 필요한 의약품, 항공사 승인을 받은 의료용품, 드라이아이스 등과 기내 반입 휴대수하물 규격을 초과하는 의료용 수송 Unit, Incubator 등도 사전 절차에 의거, 기내로 운송할 수 있다.

■ 위탁수하물 탁송제한 품목(휴대만 가능)

위탁수하물에 포함될 수 없으며, 필요시 직접 휴대해야 하는 품목으로서, 이러한 물품의 운송 도중 발생한 파손, 분실 및 인도 지연에 대하여 항공사는 책임이 없다. 노트북 컴퓨터, 핸드폰, 캠코더, 카메라, MP3 등 고가의 개인 전자제품, 화폐, 보석류, 귀금속류, 유가증권류, 기타 고가품, 견본류, 서류, 도자기, 전자제품, 유리병, 액자 등 파손되기 쉬운 물품, 음식물과 같이 부패성 물품 등이 여기에 속한다. 또한, 자전거, 서핑보드와 같은 스포츠 용품이나 애완동물 등 특수물품은 사전에 반드시 항공사에 알려야 한다.

■ **제한 품목(SRI : Safety Restricted Item)**

출발 수속 중 보안검색을 통해 발견된 총포류, 칼, 가위, 송곳, 톱, 골프채, 건전지 등 타 고객에게 위해를 가할 수 있고, 인명 또는 항공기 안전 및 보안을 위해할 가능성이 있는 물품으로, 기내 반입이 불가하며 위탁수하물에 넣어 탁송해야 한다. 엑스레이 통과시 발견되는 이러한 물품은 직원에 의해 수거되며, 승객은 목적지 도착 후 공항수하물 찾는 곳에서 찾을 수 있다.

■ **운송 금지 품목(반입, 탁송 모두 금지)**

항공 운항 안전상의 이유로 다음과 같은 폭발성 물질, 인화성 액체, 액화/고체 가스, 인화성 고체, 산화성 물질, 독극성, 전염성 물질 등은 위탁 및 휴대수하물로 모두 불가하다.

- 페인트, 라이터용 연료와 같은 발화성/인화성 물질
- 산소캔, 부탄가스캔 등 고압가스 용기
- 총기, 폭죽, 탄약, 화약, 호신용 최루가스 분사기 등 무기 및 폭발물류
- 기타 탑승객 및 항공기에 위험을 줄 가능성이 있는 품목

독극물, 부식성 물질, 방사능물질, 자기성 물질, 유해 자극적 물질 등 탑승객 및 승무원, 항공기 탑재물에 위험을 줄 가능성이 있는 품목

위험품

Dangerous Goods

안전상의 이유로 아래 제한품목은 위탁수하물로 접수할 수 없으며 기내 반입이 불가합니다.
For safety reasons, the following restricted articles can not be carried into the cabin or placed in the checked baggage compartment.

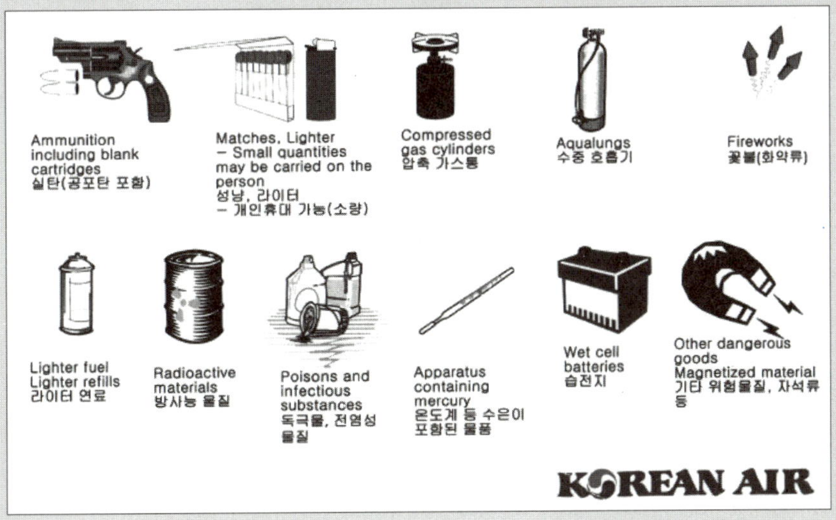

3) 지상 서비스

승객 탑승 후 이륙하기 전 지상 서비스는 항공사별, 서비스 등급별로 약간의 차이가 있다.

① 신문, 잡지 서비스

승객 탑승구 입구에 신문 카트를 준비하여 승객이 직접 선택하도록 한다. 서비스 후에 남은 신문과 잡지는 Magazine Rack에 종류별로 꽂아 두거나 비행 중 수시로 서비스한다. 승객의 탑승이 일시적으로 중단될 때에는 Cart의 신문을 가지런히 정돈한다. 그 외 항공사별, 해당 구간별로 Earphone 및 Amenity Kit 등의 지상 서비스를 실시한다.

② Welcome Drink 서비스

일등석과 비즈니스석에서는 보통 지상에서 Welcome Drink를 제공하며, 특정 구간에 따라 일반석에서도 Welcome Drink를 제공하는 경우도 있다.

S.H.R(Special Handling Request)

S.H.R이란 비행기에 탑승한 승객에 관한 정보가 기재된 서류로서 승객의 인적 사항, 특별한 서비스 요구사항, VIP, CIP, UM, 환자, 단체, TWOV, 특별식 주문 승객 등의 정보를 표기한 List이다. 승무원에게 있어서 대고객 서비스에 중요한 서류이다.

■ 승객 관련

- VIP/CIP : 특별한 예우가 요구되는 대내외 귀빈
- TWOV : Transit Without Visa
- UMNR(UM) : Unaccompanied Minor(만 5~12세의 비동반 소아)
- WCHR : Wheel Chair Passenger
- STCR : Stretcher Passenger
- GTR : 공무로 해외여행을 하는 공무원 및 이에 준하는 승객
- VWPP : US Visa Waiver Pilot Program 가입국 승객
- SUBLO : Discount Ticket 소지자로 항공사가 필요할 때 하기시킬 수 있는 승객
- NOSUB : Discount Ticket 소지자이나 일반 승객과 동일한 예약 권리가 부여된 승객

■ Meal 관련

- VGML : Vegetarian Meal
- HNML : Hindu Meal
- BBML : Baby Meal
- SFML : Seafood Meal
- DBML : Diabetic Meal
- KSML : Kosher Meal
- MOML : Moslem Meal
- CHML : Child Meal
- NSML : No Salt Added Meal
- SPML : Special Meal(상기 Category 이외 Special Meal)
- SPML/Honeymoon : Honey Moon Cake Meal
- SPML/No Pork : Pork가 들어 있지 않은 Meal

4. Push Back 전

1) Door Close

Push Back은 항공기 운항을 위해 견인차량으로 항공기를 견인하는 작업을 말한다. 객실 팀장은 승객 탑승 중 지상 직원으로부터 탑승완료 시점을 통보받은 즉시 기장에게 알려 출발에 필요한 조치를 취하도록 한다.

승객 탑승 완료 후 지상 직원으로부터 승객과 화물, 운송 관련 서류(Ship Pouch), 입국 서류를 인수받고 Door Close 연락을 받으면 기장에게 탑승객수, 특이사항 등을 보고하고 기장의 동의하에 Door를 Close한다.

Ship Pouch
Ship Pouch는 출발 전 객실 사무장이 지상 직원으로부터 인수받아 목적지 공항에 인계하는 서류가방을 말한다. 객실 사무장은 출발 전 지상 직원으로부터 여객 및 화물운송 관련서류, Flight Coupon, 제한품목, TWOV/UM 관련서류, 부서 간 전달서류 등의 Ship Pouch를 인수하여 내용물을 확인하고 도착지 입국서류의 탑재 및 충분량을 점검한다. 객실 팀장은 S.H.R을 인수한 후 담당 승무원에게 알려 서비스 때 적극 활용하도록 한다.

해당 팀장은 Door Close 전 아래의 사항을 확인한다.

- 승무원 및 승객의 숫자 확인(화장실 내 승객 유무 확인)
- Ship Pouch의 이상 유무 확인
- 추가 서비스 품목 탑재 확인
- Weight & Balance의 Cockpit 전달 확인
- 지상 직원의 잔류 여부 확인

◈ 객실준비 완료
승객 탑승 완료 후 객실 사무장은 다음 사항이 완료되었는지 확인하고 지상 직원에게 '객실준비 완료'를 통보하고, 기장에게 보고 후 Door Close한다.

- 승객 탑승 완료 확인
- Overhead Bin 닫힘상태 확인
- 휴대수하물 점검 및 보관상태 확인

2) Safety Check

Safety Check는 비상 때 대처할 수 있도록 Door의 Slide Mode를 변경해 놓는 것을 말한다. 즉, Door Close 후 Boarding Bridge 또는 Trap이 항공기와 분리된 직후, 사무장의 방송에 따라 각 Door별로 승무원 좌석에 착석하는 담당 승무원이 비상시 슬라이드를 이용한 탈출에 대비하여 Door Slide Mode를 정상위치에서 팽창위치로 변경하는 것을 말한다.

객실승무원은 사무장의 Safety Check PA 방송에 따라 Slide Mode를 팽창위치로 변경 후 L Side, R Side 승무원이 상호 점검하고 객실 사무장에게 최종 보고한다.

- **정상위치(Disarmed Position)**

  Girt Bar가 항공기 Slide Bustle에 고정되어 있는 상태로서, Door Open을 해도 Slide가 팽창되지 않는다.

Girt Bar : Escape Device를 항공기에 고정시키거나 분리하는 데 사용되는 금속막대
Slide Bustle : Escape Device를 보관하고 보호하기 위해 항공기 Door에 장착되어 있는 Hard Case

- **팽창위치(Armed Position)**

  Girt Bar가 항공기 Door 문틀에 고정되어 있는 상태로 비상탈출시 문을 개방하면 Escape Device가 자동으로 펼쳐지게 되어 있는 상태이다.

  Bridge가 항공기에서 분리될 때부터 다가올 때까지 항공기의 모든 Door Slide Mode는 팽창위치에 있어야 한다.

Door Mode 변경 순서

1. 사무장의 지시

객실 사무장은 Bridge(Step Car)가 항공기로부터 분리될 때 PA를 사용하여 Door Mode 선택 레버를 정상위치에서 팽창위치로 변경하도록 객실승무원에게 지시한다.

2. Door Mode 변경 및 승무원 상호 확인

객실승무원은 Door Mode 선택 레버를 팽창위치로 변경하고 승무원 간에 상호 확인한다. Slide Mode 변경 후 Cross Check시 엄지손가락으로 각자의 Slide Lever를 가리킨다.

3. All Attendant Call에 응답

Door Mode 변경시 사무장의 All Attendant Call에 응답하는 것은 Door Mode 변경 사실 이외에 담당 Zone의 Push Back 준비완료 단계를 보고하는 포괄적인 절차이다.

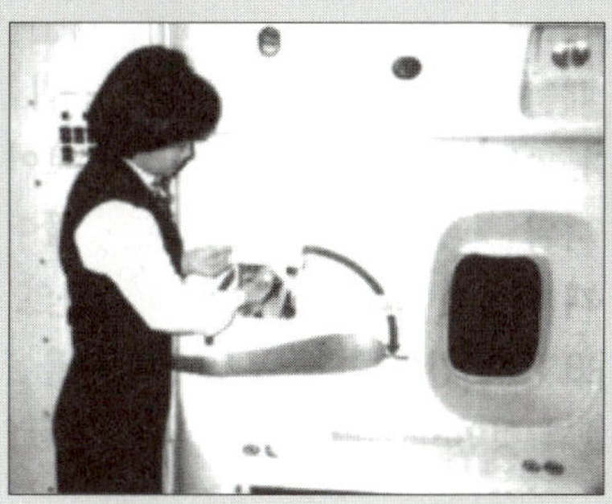
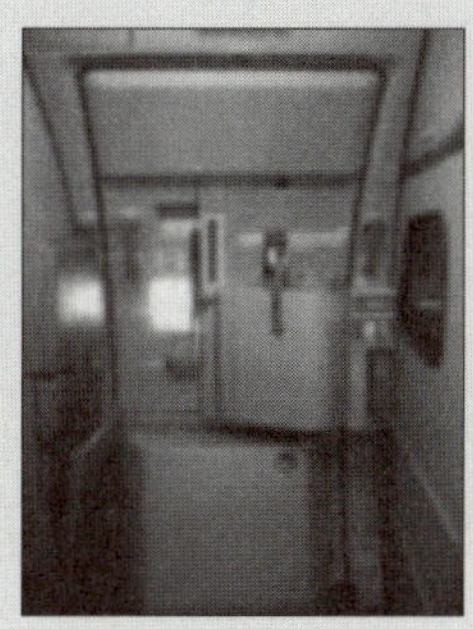
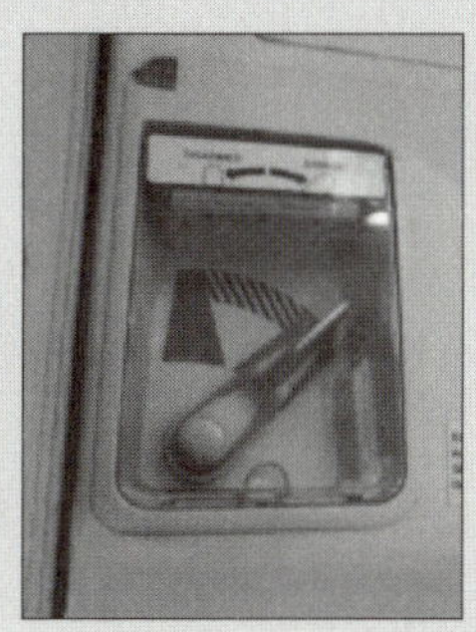

해당 팀장은 Push Back하기 전 아래의 객실준비 사항을 확인한다.

- 승객 좌석벨트 착용상태 확인
- 승객 좌석 등받이, Table 및 Arm rest 원위치
- 승객 휴대수하물 및 기타 유동물질 고정
- 야간 비행일 경우 독서하는 승객의 Reading Light On
- Door Side 및 Aisle Clear 상태 확인

> **◈ Push Back 준비 완료상태**
>
> 객실 사무장은 다음의 객실준비사항을 재확인한 후 기장에게 'Push Back 준비완료(Cabin is Ready for Push Back)'를 구두 보고한다.
>
> - 승객 착석 및 좌석벨트 착용 상태(Door Close 전 화장실 내 승객 유무 확인)
> - 승객 좌석 등받이, 개인용 Monitor, Tray Table, Footrest 원위치 상태
> - 휴대수하물의 정위치 보관 및 Overhead Bin 닫힘 상태
> - 갤리상태(모든 Serving Cart의 정위치 보관 및 Locking 상태) 확인
> - 비상구 좌석 착석 상태
> - 모든 Door의 Close 및 Slide Mode 변경 여부

5. Taxi-Out 중

1) Welcome 방송

항공기 출입문을 닫고, Safety Check를 실시한 직후 방송 담당자가 Welcome 방송을 실시한다.

2) Safety Demonstration

① Safety Demo 규정

Welcome 방송에 이어 항공기가 Push Back한 직후 객실승무원은 비행 안전 및 비상시를 대비한 구명장비의 위치와 사용법을 비디오 상영을 통해 안내한다.

장비가 설치되어 있지 않거나 상태가 불량한 경우는 방송담당 승무원이 육성으로 방송을 실시하고 전 승무원이 비상구 좌석 주변에서 직접 Safety Demo를 실연하여 시범을 보인다.

비상시 승객이 사용하게 될 비상구 위치, 좌석벨트, 산소마스크와 구명복에 대한 사용법을 설명함으로써 예기치 않은 기류변화 등 비행 중 발생할 수 있는 비상사태에 대비하도록 하며, 비행 중 수시로 좌석벨트 안내방송 등을 실시한다.

이는 항공 규정에 의한 항공사의 의무 규정이다.

Safety Demo는 Multi-Portion인 경우 중간 기착지에서 신규 탑승한 승객 여부에 관계없이 모든 구간에서 실시하며, Diversion과 회항 후 재출발시에도 실시한다.

② 실시 내용

- 좌석벨트 사용법
- 비상탈출구 위치
- 구명복 위치 및 사용법
- 산소마스크 위치 및 사용법
- 금연 안내
- 전자기기 사용 금지 안내

③ 실시 요령

- Safety Demo를 스크린으로 상영시 승무원은 Jump Seat이나 그 주변에 Side Wall에 비켜 서 있는다.
- 객실승무원이 실연을 하는 경우, 지정된 위치에서 Safety Demo 내용이 확실히 전달될 수 있도록 정확하고 절도 있는 동작으로 실시한다.
- Safety Demo가 끝난 후 여승무원은 Life Vest를 착용한 채로 담당 구역별로 Aisle을 통과하며, 승객의 벨트 착용을 확인한다.
- 담당 구역에서 UM, 장애 승객, 노인 승객 등 비상탈출시 도움을 필요로 하는 승객 및 객실 구조상 Demo를 볼 수 없는 좌석에 착석해 있는 승객에게는 개별 브리핑을 실시한다.

- Safety Demo가 효과적으로 전달되도록 객실조명을 조절한다.
  - 승무원 실연시 : Full Bright
  - Film 상영시 : Dim(어둡게 조절한다)

6. 이륙 전

1) 이륙 전 준비

승무원은 이륙 준비를 위해 담당 구역별로 비행 안전에 대비한 안전점검 사항을 재확인한다. 항공기의 이착륙 때 모든 승객 및 승무원들은 착석하여 좌석벨트를 반드시 착용해야 하고, 다음과 같은 안전과 관련된 제반 사항을 승객 좌석, 객실 및 갤리별로 철저히 수행해야 한다.

① 승객 좌석

- 승객의 착석 및 좌석벨트 착용을 점검한다. 이때 취침 중인 승객은 깨워 벨트를 착용하도록 하고, 승객 테이블의 유리잔 등은 회수한다.
- 비상시 유아는 따로 벨트를 착용하지 않고 보호자가 벨트를 맨 뒤 감싸 안는다. Baby Bassinet은 이착륙시에는 사용이 금지되어 있으며, 반드시 장탈하여 보관한다.
- 좌석 등받이, Tray Table, Monitor, Arm Rest, Foot Rest 등 정위치

승객 좌석 위에 Retractable Monitor, Retractable Screen 그리고 통로측에 돌출되어 비상탈출에 지장을 주는 Monitor와 Screen 등이 탑재, 장착된 경우 승객 탑승, 하기, 이착륙시 원위치한다.

- 승객 휴대수하물 및 유동 물건 고정
- 전자기기 사용 금지 안내 및 확인

② 객 실

- 화장실 점검 및 승객의 사용 여부 확인

- 각 Compartment Locking, 화장실 내부 비품 및 변기 덮개 고정
- 비상구 주변 정리, Door Side 및 Aisle의 Clear
- 객실 내의 시설물 안전상태 및 유동물 점검(Overhead Bin 닫힘 상태)
- 객실 조명 조절
- 야간 비행 때 승객의 독서등을 안내해 드리고, 이륙 전 객실 조명을 Dim 상태로 하는 등 안전과 관련된 제반사항에 맞도록 적절하게 조절한다.

③ Galley

- Galley 내의 탑재 물품, 모든 Compartment, Cart 등 유동물건의 닫힘, 잠김 상태 확인 (Locking & Latching)
- Galley Curtain 고정

이륙준비완료

객실 사무장은 Take off Signal(Fasten Seat Belt / Chime 3회)이 나오면 다음 객실준비사항을 재확인하고 이륙 안내방송을 실시한 후, 기장에게 '이륙준비완료'를 보고한다.

- 객실 및 Galley 내 유동물 고정
- 승객 좌석의 원위치(좌석 등받이, Footrest, Traytable, 개인용 Monitor 등)
- 승무원 착석상태(좌석벨트, Shoulder Harness 착용)

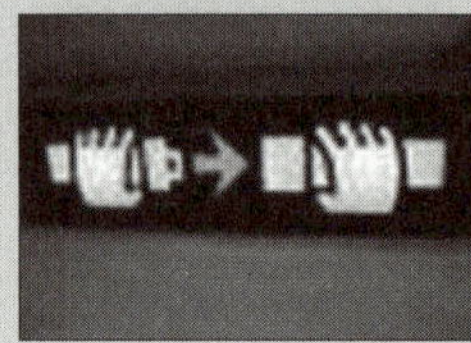

이착륙시 조명_ 통계적으로 비행기의 사고는 이착륙할 때 발생할 확률이 매우 높으며, 만일의 경우 항공기에 비상사태가 발생하면 객실은 암흑이 된다. 특히 야간 비행에서 비상탈출을 해야 하는 사태가 발생하게 되면 승객과 승무원 모두 항공기 밖으로 탈출해야 되는데 그 경우 밝은 객실에 있다가 갑자기 깜깜해져서 아무것도 안 보일 수도 있다.

그러므로 만약 발생할 수 있는 비상사태시 시야 확보에 도움을 주기 위하여 항공기 사고위험이 높은 이착륙시의 객실 내 조명을 Dim으로 조절한다. 객실 실내등을 희미하게 해두면 비상시 탈출하는 데 몇 초라도 시간을 벌 수 있을 것이다.

FAA(미국연방항공청)와 EASA(유럽항공안전국)에서는 항공기에 대해 형식증명을 내줄 때 "승객과 승무원 전원이 90초 이내에 밖으로 탈출할 수 있는 것을 증명해야 한다"라고 되어 있다. 실제로는 먼저 비상구를 치우고 미끄럼대(Escape Slide)를 펼치는 데만 적어도 15초가 걸린다고 한다. 또 상황에 따라 문제가 있을 수도 있으므로 모든 비상구를 사용할 수 있는 것도 아니다. 더욱이 야간의 경우 객실 내부는 조명이 꺼지고 나면 캄캄해지므로 신속히 탈출하는 데 여간 어려운 일이 아니다. 그러므로 사고발생률이 높은 이착륙시 기내조명을 어둡게 조절함으로써 승객과 승무원의 시야 확보는 물론, 비상구 표시등을 더욱 돋보이게 해서 신속히 탈출하도록 하기 위한 것이다.

기내표준신호_ 기내에서 기내표준신호인 차임벨 소리는 일종의 커뮤니케이션 도구로 쓰이고 있다. 원칙적으로 차임이 울릴 때마다 안내방송이 뒤따르는데 순항고도에서 기내서비스를 시작할 때, 난기류가 끝났을 때는 방송을 하지 않는 경우도 있다. 기내표준신호는 대체로 다음과 같으나, 항공기종, 항공사마다 차임벨 울리는 횟수가 약간씩 다르기도 하고, 차임을 울리지 않는 항공사도 있다.

구분	표준신호	대응
Interphone Communication	Chime 1회	가까운 Handset을 받는다.
Take-off	Fasten Seat Belt Sign 3회 점멸 후 On	승객 및 승무원 착석 객실 내 이륙준비
Turbulence	Fasten Seat Belt Sign 1회 점멸	Severe한 경우 2회
Approaching	Fasten Seat Belt Sign 3회 점멸 후 Off	객실 내 착륙 준비
Landing	Fasten Seat Belt Sign 3회 점멸 후 On	객실 내 착륙 준비 승객 및 승무원 착석

기내에서 사용할 수 있는 전자 제품_ 항공기 이착륙 과정에는 어떠한 전자제품도 사용해서는 안 되며, 비행 중에도 사용해서는 안 되는 전자제품이 있다. 그 이유는 전자제품 작동 때 발생되는 전자파가 항공기의 무선기기와 항법장비에 주파수 간섭과 공진현상을 일으켜 항공장비의 오작동이 우려됨으로써 안전운항에 지장을 주기 때문이다.

- 기내에서 사용 가능한 품목 : 보청기, 전자 혈압계, 인공호흡기 등의 의료장비
- 이착륙시 사용 불가능한 품목 : CD Player, 디지털 카세트 테이프 플레이어, MP3 Player, 개인용 컴퓨터, 전자게임기, 비디오카메라, 비디오 레코더 및 재생장치, 디지털 카메라, 전기면도기
- 기내에서 사용 불가능한 품목 : 휴대용 전화기, 송수신 기능이 있는 무전기, 무선 조종 장난감, AM/FM 라디오, 휴대용 TV 등

공급장치(ISPS : In Seat Power Supply)

종전의 항공기에서의 전자기기는 휴대용 Battery를 이용하여 전원을 공급받아 사용할 수 있었으나, 신기종의 항공기에는 기내 전원시스템이 장착되어 승객의 개인용 컴퓨터 등 휴대용 전자기기를 사용할 수 있게 되어 있다.

2) 승무원 착석

최종적으로 이륙을 위한 안전 점검이 끝난 전 승무원은 담당 구역별로 각자 기종별로 지정된 위치에 착석한다. 승무원은 Jump Seat에 착석할 때, 신체를 고정시킴으로써, 충격에 의한 부상을 예방하거나 최소화하기 위해, 좌석벨트와 Shoulder Harness를 반드시 착용한다. 승무원은 이착륙시 좌석에서 30 Seconds Review를 실시한다.

Critical 11_ 보잉사의 통계에 의하면 항공기 이륙 3분간 및 착륙 8분간이 항공기 사고의 78%를 차지하는 위험스러운 시점으로서 이를 'Critical 11'이라고 한다.

항공기가 운항하는 과정은 기본적으로 이륙 → 상승 → 순항 → 진입 → 착륙의 다섯 단계로 나뉜다. 이륙은 항공기가 움직이기 시작하여 활주로에서 공중으로 떠올라 상승을 개시할 단계까지를 말하며, 착륙은 항공기가 공항으로 접근하여 활주로에 내린 후 완전히 정지할 때까지를 말한다. 비행시간이 아무리 길어도 이륙과 착륙시의 11분을 뺀 나머지 시간은 이륙한 후 목적지 공항에 도착할 때까지 일정한 고도와 속도에서 순항하고 있는 가장 안정되어 있는 상태가 된다.

제트여객기가 보급되기 시작한 1959년 이후 1970년대 중반까지 TWA(2001년에 AA와 합병)가 집계, 분석한 통계에 따르면 항공기 사고는 이륙 후의 3분간과 착륙 전의 8분간을 합쳐서 11분간에 집중되어 있어 70% 이상을 점유한 것으로 밝혀졌다고 한다. 그러므로 조종사들로 하여금 이착륙시의 긴장된 국면으로부터 조금이라도 위험요소를 배제시키고자 전사적으로 무사고 달성운동을 펼치기 시작했는데 그때의 캐치프레이즈가 바로 'Critical Eleven Minutes'였다고 한다.

그러므로 이 시간은 기장을 비롯하여 전 승무원이 가장 긴장하는 시간이며, 최근에는 이 11분간의 사고기록이 그 옛날 TWA가 집계한 통계자료보다 더 높아져서 거의 90% 수준이라고 업계 전문지는 전하고 있다.

비행안전 취약단계(Company Phases of Flight)_ 지상이동 및 고도 10,000ft 이하에서 운항하는 시점을 말하며, 이 시점에서는 운항승무원의 업무에 방해를 줄 수 있는 객실승무원의 어떠한 행위도 금지한다. 그러나 비정상 상황 발생 및 비행 안전상 필요하다고 판단되면 비행안전 취약단계에서도 운항승무원에게 연락을 취할 수 있다.

30 Seconds Review_ 객실승무원들에게는 'Critical 11' 중에서도 이륙 직전과 착륙 직전 각각 30초씩 'Thirty Seconds Review'라 불리는 '침묵의 30초'라는 것이 있다. 30 Seconds Review란 항공기 이착륙시 객실승무원이 좌석에 앉아 있는 동안 현 단계에서 발생 가능한 비상사태를 스스로 가상하고 자신이 행할 활동을 약 30초 동안 구체적으로 Review하는 행동을 말한다.

이때 승무원의 착석자세는 좌석벨트 및 Shoulder Harness를 착용하고 Jump Seat에 바짝 기대어 앉고, 양손바닥을 위로 향하게 하여 다리 밑에 고정시킨다.

30 Seconds Review의 내용은 다음과 같다.

1. 충격방지자세의 명령 : 비상시 승객의 위험을 최소화하기 위해 머리와 몸을 숙이는 자세를 취하도록 충격방지자세를 명령한다.
2. 승객의 통제 : 비상사태시의 어두운 객실, 연락 두절 등 가상의 기내상황에서 적절한 shouting으로 승객이 승무원 지시에 응할 수 있도록 일련의 조치를 생각한다.
3. 판단 및 조정 : 비상구 및 비상장비 위치와 작동법, 비상시 도움을 필요로 하는 승객, 비상탈출시 도움을 줄 수 있는 협조자 선정 등에 관해 생각한다.
4. 탈출지휘 및 대피 : 비상구를 개방한 후 승객들을 효과적으로 탈출시키기 위한 방법과 절차를 생각한다.

제2절 이륙 후 안전업무

1. Fasten Seat Belt Sign Off 후

1) 갤리 브리핑

갤리 브리핑은 중/장거리 노선에서 서비스 시작 전에 각 갤리별로 실시한다. 상위클래스는 해당 클래스의 선임승무원이, 일반석에서는 Galley Duty가 주관하여 실시하며 다음 사항에 관한 내용을 브리핑한다.

- 해당 구역의 탑승객 정보(특이사항)
- 탑재 기내식(Entree)의 내용 및 수량
- Special Meal 내용 및 수량(주문한 승객의 좌석 확인)
- 해당 구역의 서비스 진행방법
- 서비스시 유의사항 및 기타 특이사항

2) 식사 서비스

- 정해진 해당 항공편의 서비스 절차 및 Meal Type 기준에 따라 기내식을 서비스한다.
- 음료 서비스는 Meal Service 시점을 기준으로 식전에 식전음료를 제공하고 식사 중에는 Meal Type에 따라 Wine이나 기타 음료를 제공하며, 식후에는 Coffee와 Tea류를 제공한다. 그 외 승객 휴면시에는 승무원의 Cabin Walk Around를 통해 음료와 간식을 제공한다.

3) 기내판매

국제선 탑승객에 대한 기내 서비스의 일환으로 면세품을 기내에서 판매하는 업무를 말한다.

4) 입국서류 배포 및 작성 협조

- 담당 구역별로 도착지 입국에 필요한 서류를 배포하고 작성을 돕는다.
- 입국서류는 이륙 후 제공하는 것을 원칙으로 한다.

- 도착지 국가의 출입국 규정을 숙지하여 승객이 정확히 작성하도록 안내한다.
- 도착 직전 입국에 필요한 서류 소지 및 작성 여부를 재확인한다.
- UM, 노약자 등의 서류 작성에 적극 협조한다.
- TWOV 승객의 서류는 TWOV로 통과하는 해당국의 마지막 기항지 출발 후 돌려준다.

2. 승객 휴식 중

1) 객실 쾌적성 유지

① 온 도

- 객실 적정온도는 24℃ 정도로 유지시키며, 상황에 따라 온도조절이 필요한 경우 객실승무원은 Cabin Attendant Station Panel에서 조절할 수 있다. 객실 내에 온도조절 Panel이 없는 경우 Cockpit에 연락을 취하여 조절할 수 있다.
- 승객 개인마다 혹은 좌석 위치에 따라(창측, Door Side) 요구하는 적정온도의 차이가 있을 수 있으므로 담요, Hot/Cold Beverage 등을 우선적으로 서비스한다.

② 청 결

- 객실 통로 및 갤리 등을 수시로 점검하여 청결을 유지한다.
- 승객 좌석 앞주머니 안에 승객이 사용한 컵이나 불필요한 물건을 치운다.
- 화장실을 수시로 점검하고, Air Freshener를 Spray한다.

③ 소 음

승객 휴식시간 중에 승무원으로 인해 다음과 같은 경우 소음이 발생하지 않도록 특히 유의한다.

- 갤리에서 작업할 때 Cart 이동 및 Compartment, Cart, Carrier Box 등의 Door를 열고 닫을 때

- 객실 통로를 통행할 때
- Overhead Bin을 열고 닫을 때
- Curtain을 열고 닫을 때
- 승무원 간 대화할 때

Class Divider(Curtain)

클래스를 구분하는 모든 기내설비를 의미하며, 비행 중 승객의 쾌적성 확보를 위해 Fasten Seat Belt Sign이 Off 되면 각 클래스를 구분하는 Curtain을 닫아 하위클래스에서 상위클래스로의 승객 이동을 제한한다. 또한, 착륙 후 승객 하기 순서가 지켜지도록 하기 위해 Curtain을 사용할 수 있다.
그러나 Class Divider는 이착륙시 Fasten Seat Belt Sign On시 반드시 열어서 고정되어 있어야 한다.

④ 조 명

객실 조명은 식사 서비스시, 영화상영시 및 승객 휴식 등 서비스 내용 및 시간대에 따라 적절히 조절한다. 객실 조명은 비행 중 편안한 객실 분위기 연출은 물론 비상탈출 때 외부환경 적응에 중요한 기능을 하게 되므로 안전성을 고려하여 조절한다. 객실 조명 조절은 사무장 주관하에 실시하며, 비행 중 시점별로 적합한 객실 조명 상태가 유지되도록 하고, 각 구역 및 등급별로 조명 조절 상태가 통일되도록 한다.

- 승객 탑승, 하기 및 식사 서비스 때 : Full Bright(식사 서비스시는 서비스 시간대를 고려하여 Dim 또는 Medium으로 조절하여 운영할 수 있다.)
- 영화상영 : Dark(Night)
- 승객 휴식 때 : Dim/Night
- 야간 비행의 식사 서비스, 기내 판매 및 영화상영 직전, 착륙 전 음료 서비스 등의 경우는 단계별로 적절히 조절하여 유동성 있는 조명 연출이 필요하다.

2) 승객 Care

① Walk Around

- 객실승무원은 자신의 담당 Duty 구역을 정기적으로 순회하며 객실의 쾌적성을 유지하고 비행 중 안전점검을 한다.

- Galley 주변, Door Side, 화장실 주변 등 다른 좌석보다 쾌적성이 낮다고 생각되는 좌석의 승객에게는 비행 중 수시로 관심을 갖고 서비스한다.
- 비행 중 화장실, Door Side 및 객실 후방 등 안전 취약 지역을 수시로 점검하여 갑작스러운 응급환자 및 화재 발생에 대비한다.
- 담당 구역 순회 후 승객의 가시권에서 대기하며 승객의 욕구를 충족시킨다.
  - 상위클래스 : Bar 부근이나 해당 클래스 후방에 대기한다.
  - 일반석 : 각 구역(Zone) 전방 또는 화장실 주변 Jump Seat에서 대기한다.
- 승객의 요구사항은 Memo지를 활용하여 잊지 않고 즉시 해결하도록 노력한다.
- 승객 기호 및 상황을 감안, 적정량의 음료를 Tray에 준비하여 개별적으로 제공한다.
- 취침하지 않는 승객에게는 독서물 또는 오락 기구(바둑, Chess Set 등)를 적극 권유, 제공한다.
- 취침 승객에게는 베개, 담요 등의 사용을 돕고, Screen 주위 승객에게는 Slumber Mask를 권유, 제공한다.

② 화장실 점검

- 비행 중 화장실 내에서 흡연하는 승객이 있는지 주의깊게 점검한다.
- 화장실 내부 시설물의 고장 여부와 청결상태를 수시로 점검하고 부족 물품은 보충한다.
- 고장난 화장실은 더 이상 사용하지 않도록 잠그고, 문에 'Repair' Tag을 부착한다.

제3절 착륙 전 안전업무

1. Approaching Signal 후

1) Approaching 방송

기장으로부터 Approaching Signal이 오면 방송담당자는 Approaching 방송 및 기타 안내 방송을 실시한다.

2) 착륙 준비

착륙 전 준비는 이륙 준비와 동일하게 안전 점검을 실시하며, 전 승무원은 담당 구역별로 비행 안전에 대비하여 다음과 같이 승객 좌석, 객실 및 갤리별로 정리정돈 및 착륙 준비 점검을 한다.

① 승객 좌석

- 승객의 착석 및 좌석벨트 착용 : 이때 취침 중인 승객은 깨우고, 유리잔 등 서비스 Item을 회수한다. 비상시 유아는 따로 벨트를 착용하지 않고 보호자가 벨트를 맨 뒤 감싸 안도록 한다. Baby Bassinet은 장탈하여 보관한다.
- 좌석 등받이, Tray Table, Monitor, Arm Rest, Foot Rest 등 정위치
- 승객 좌석 주변, Seat Pocket, 베개/담요 정리
- 승객 휴대수하물 및 유동 물건의 고정
- 전자기기 사용 금지 안내 및 확인

② 객 실

- Headphone, 잡지 등 객실에 비치된 서비스물품 회수 및 정위치 보관
- 승객으로부터 보관을 의뢰받은 Coat 및 물품 반환
- 하기시 도움이 필요한 승객(노약자, WCHR 승객), Special 승객 및 운송제한승객의 착

륙 준비에 도움 제공

- 객실 사무장은 입항준비 및 도착지 관련 입항서류 작성 확인
- 화장실 점검, 승객의 사용 여부, 각 Compartment Locking, 화장실 내부 비품 및 변기 덮개 고정
- 비상구 주변 정리, Door Side 및 Aisle의 Clear
- 객실 내의 시설물 안전상태 및 유동물 점검(Overhead Bin 닫힘 상태)
- 객실 조명 조절 : 야간 비행 때 승객의 독서등을 안내해 드리고, 이륙 전 객실 조명을 Dim 상태로 하는 등 안전과 관련된 제반사항에 맞도록 적절하게 조절한다.

③ Galley

- Galley 내의 탑재 물품, 모든 Compartment, Cart 등 유동물건의 닫힘/잠김 상태 확인 (Locking & Latching)
- Galley 서비스용품 정리 : Liquor/Dry Item Inventory List, 기내 판매품 등의 서류 최종 확인, 기내에 탑재된 모든 주류 및 면세품을 Compartment에 넣고 Sealing & Locking(해당 Station)
- 기타 하기시 필요한 조치 사항 점검 및 교대 팀에게 신속히 필요한 인수인계 준비내용 기록, 전달
- Curtain 고정

2. Landing Signal 후

1) 최종점검

- 기장으로부터 Landing Signal이 오면, 객실승무원은 방송을 실시(방송담당자)하고, 최종적인 객실, 갤리 및 화장실 안전 점검을 수행한다.
- 이 시점에서부터 Fasten Seat Belt Sign이 꺼질 때까지 승객이 좌석에서 이동하지 않고 착석을 유지하도록 한다.

- 객실 조명을 착륙에 대비하여 Dim 상태로 조절한다.

2) 승무원 착석

- 안전 점검이 끝난 전 승무원은 승무원좌석에 착석하여, 좌석벨트와 Shoulder Harness를 착용한다.
- 착륙시 '30 Seconds Review'를 실시한다.

NOTES:

제4절 착륙 후 안전업무

1. Tax-In 중

1) Farewell 방송

방송담당자는 착륙 후 엔진의 역회전(Engine Reverse)이 끝난 시점에 Farewell 방송을 실시하고, 객실 사무장은 방송 직후 Boarding Music을 작동한다.

2) 승객 착석 유지

이때 객실승무원의 중요한 사항은 승객의 안전을 위해 Taxing 중에는 Fasten Seat Belt Sign이 꺼질 때까지 반드시 승객의 착석을 유지하도록 하는 업무이다. 필요시 객실 사무장은 Gate 진입 직전 'Taxing 중 승객 착석 요청' 방송을 실시한다.

안전 업무를 수행하지 않는 승무원은 Jump Seat에 승객과 동일하게 착석해 있어야 하며, 비행 안전 취약 단계 규정을 준수한다.

2. 항공기 착륙 후

1) Safety Check 및 Door Open

- 항공기가 완전히 정지한 후 사무장의 Safety Check 방송에 맞추어 전 승무원은 Slide Mode를 정상 위치로 변경하고 상호 확인한 후 사무장에게 보고한다.
- Safety Check 후, 기내조명 System이 설치된 Station의 담당 Senior는 기내 조명을 Full Bright로 조절한다.
- 승객 하기를 위해 Door를 열기 전 Slide Mode의 정상위치 여부, 장애물 유무를 확인한다. 사무장은 Fasten Seat Belt Sign이 Off 되었는지 확인한 후 항공기 외부 지상 직원에게 Door Open을 허가하는 수신호 Sign을 주어 지상 직원이 Door를 Open하도록 한다.

항공기 Door는 일부 기종 항공기 비상사태를 제외하고는 외부에서 지상 직원이 Open하는 것을 원칙으로 한다. 일부 기종(B737, F100)은 지상 직원과 Door open sign 상호 확인 후 객실승무원이 직접 Open한다.

- Door Open 후 사무장은 운송담당 직원에게 Ship Pouch를 인계하고, 특별 승객, 운송제한 승객 등 업무수행에 관한 필요사항을 전달한다.
- C.I.Q 관계 직원에게 입항서류를 제출하고, 검역 또는 세관의 하기 허가가 필요한지 확인한다.
- 승객 하기는 공항 당국의 하기 허가를 득한 후 실시되어야 하며, 모든 절차가 끝난 후 사무장은 승객 하기 방송을 실시한다.

2) 승객 하기

- 승객 하기 때 승무원은 해당 클래스별, 각자의 담당 구역별로 Jump Seat 주변에서 승객에게 하기인사를 하고 승객 하기가 순조롭게 진행되도록 협조한다.
- UM, 장애인 승객, 유아 동반 승객, 노약자승객, 짐이 많은 승객 및 운송제한 승객 등 도움이 필요한 승객의 경우 휴대수하물 정리를 도와 드리고 하기에 협조한다.
- 그 밖에 TWOV 및 Deportee의 인수인계 및 Transit Station에서의 기내 대기 통과여객수 확인 등에도 유의한다.

■ 승객 하기 순서

- 응급환자
- VIP, CIP
  일등석 승객
  비즈니스 승객
- U/M
- 일반석 승객
- 운송제한승객
- STRETCHER 승객

3. 승객 하기 후

1) 기내 점검

- 승객 하기 완료 후, 객실, 화장실 등에 잔류 승객이 있는지 확인한다.
- 담당 구역의 승객 좌석 주변, Seat Pocket, Overhead Bin, Coat Room, 화장실 등에 승객 유실물이 있는지 확인한다.
- 화장실 용품, Headphone, 잡지 등 기내용품을 재확인하여 전량 회수한다.
- 각각의 승무원은 담당 구역별로 기내 보안 점검을 실시한다.
- 객실 사무장은 최종적으로 기내를 순시하여 이상 유무를 확인한다.
- 객실 설비 이상이 있는 경우, 결함 내용과 위치를 구체적으로 기록하고 전달한다.
- 기타 Station별로 지정된 특이사항들을 점검한다.
- Slide Mode 위치(정상위치)를 재확인한다.
- 지상 직원과의 인수인계가 필요한 Item을 인계한다.

2) 유실물 점검

① 비행 중 발견시

- 유실물을 발견한 승무원은 객실 사무장에게 발견 장소, 시각, 내용 등을 보고한다.
- 객실 사무장은 유실물의 내용 및 형태를 개괄적으로 승객에게 기내방송을 통해 공지한다.
- 소유주가 나타날 경우 좀 더 구체적인 질문을 통하여 해당 승객의 소유임을 확인하고, 소유주가 나타나지 않을 경우 도착지 지상 직원에게 인계한다.

② 하기 후 발견시

- 유실물을 발견한 승무원은 객실 사무장에게 보고하고, 유실물의 내용, 형태, 개수, 발견 장소, 인계 운송 직원의 인적 사항 등을 Purser's Flight Report에 기재한다.
- 유실물을 도착지 운송 직원에게 인계한다.
- 운송 직원과의 Contact이 불가한 경우는 공항 출·도착지 해당 기관 혹은 사무소에 인계한다.

3) 인수인계

① Layover / 해외 Station의 경우

Layover 때 물품의 하기 및 탑재는 물품 List에 의거하여 승무원과 현지 지상 직원 사이에 실시한다. Dry Item Inventory List를 현지의 Catering 담당자 또는 교대 팀 승무원에게 전달하고, 특히 기판품의 상이 여부를 정확히 점검한다. 기내용품은 탑재된 위치에 보관하고 하기하지 않도록 한다. 다음 비행 편의 예약 승객수를 감안하여 부족한 서비스 물품은 현지 Catering 직원에게 주문한다.

② 모기지(ICN, GMP) 도착 때

각 Duty 승무원은 각종 서류를 제출한다.

■ **서비스 물품 인계**

- 서비스 물품을 기내 지정된 위치 및 탑재원에게 최종적으로 인계한다.
- Liquor는 Liquor Cart 또는 Carrier Box에 넣어 Sealing하고 'Liquor Seal Number 인수인계서'를 작성하여 탑재원에게 인계한다.
- 기물은 서울 출발 때 탑재된 Cart 또는 Carrier Box에 보관한다.
- 기타 서비스용품은 미하기에 따른 중복 및 과잉탑재를 방지하고, 각 Compartment 등에 장기간 방치된 서비스 용품의 변질 및 손실을 방지하기 위하여 기내 비치용 기물을 제외한 모든 서비스 용품을 Galley 선반 등 하기가 용이한 위치에 보관한다.

■ **기판품 인계**

- 기판 담당 승무원은 판매품 잔량을 기적 상황에 의거, 기판 담당 지상 직원에게 정확히 인계한다.

4) 승무원 하기

- 승무원은 하기 후 해당 공항의 입국 심사 절차를 거친다.
- 모기지 도착 후 업무

- Flight Coupon 인계
- 사무장 도착보고
- 필요 때 Debriefing 실시
- 항공기 하기 후 지정된 장소에서 비행 중 특이사항을 중심으로 객실 사무장에게 보고한다.
- 필요한 경우, Cabin Report 작성

Debriefing

승무 종료 후 사무장은 필요시 Debriefing을 주관하여 실시할 수 있으며, 그 내용은 해당 편 기내 서비스 때 발생한 제반 문제점에 대한 상호 의견교환 등을 통하여 좀 더 나은 다음 편 서비스를 위한 준비사항을 주제로 하여 가급적 간략하게 실시한다.

국제선 장거리 비행 절차에 따른 안전업무

구 분		시 점	주요 업무	안전관련 사항	비 고
이륙	이륙 전 안전업무	비행근무 전	객실 브리핑	항공기종 및 안전보안사항 숙지 등 비행 전 준비	
			항공기 탑승	탑승 전 승무원 짐 탁송	
			합동 브리핑	기장 전달사항 숙지	
		승객탑승 전	Pre-Flight Check	담당구역 비상 보안 장비 및 객실시스템 점검	
			승객 탑승준비		BRDG Music On
		승객탑승 중	좌석안내	비상구좌석 착석 안내 수하물 보관 안내 운송제한승객 파악	
			수하물 안내		
			지상 서비스		
		Push Back 전	Door Close	지상 직원 하기 안내	객실준비완료
			Safety Check	슬라이드 팽창위치로 변경	Push back 준비완료
		Taxi-Out 중	Welcome 방송	기내안전사항 안내 및 Safety Demo 상영	
			Safety Demo		
		이륙 전	이륙 전 준비	전자기기 사용 금지	이륙준비완료
			승무원 착석	30 Seconds Review	객실 조명 Dim
	이륙 후 안전업무	Fasten Seat Belt Sign off 후	갈리 브리핑	Seat Belt 상시 착용	좌석벨트 상시 착용 안내방송
			식사 서비스	좌석벨트 상시착용 및 비행 중 안전업무	객실 조명 -Full Bright
			기내 판매		
			입국서류 배포		
		승객 휴식 중	객실쾌적성 유지	객실/화장실 주기 점검 및 비행 중 안전업무 실시	객실 조명-Dark
			승객 Care		
착륙	착륙 전 안전업무	Approaching Signal 후	Approaching 방송	착륙안전 점검 전자기기 사용 금지	
			착륙 준비		
		Landing Signal 후	최종 점검	최종 객실안전 점검	Landing 방송
			승무원 착석	30 Seconds Review	객실 조명-Dim
	착륙 후 안전업무	Taxi -In 중	Farewell 방송	항공기 정지시까지 승객착석 유지	BRDG Music on
			승객착석 유지		
		항공기 착륙 후	Safety Check /Door Open	슬라이드 정상위치로 변경 및 Door Open 유의	객실 조명 -Full Bright
			승객하기		
		승객 하기 후	기내 점검	Door Slide 확인	
			유실물 점검	객실 내 잔류승객 및 유실물 점검	
			인수인계	도착지별 세관규정 준수 갈리 Sealing 재확인	
			승무원 하기		

04 PART 비행 중 안전업무

제1절 일상 안전업무

제2절 Turbulence

제3절 기내업무 방해행위

제4장
비행 중 안전업무

제1절 일상 안전업무

일상 안전업무는 객실승무원이 승객과 승무원의 안전을 위하여 평상시 수행하는 제반 안전업무를 뜻한다. 실제로 항공기 사고는 예기치 않은 비상사태로 인한 사고보다는 평상시 안전업무를 소홀히 함으로써 발생되는 사고가 더 많으며, 특히 비행 중 작은 사고를 적절하고 신속하게 대처하지 않으면 엄청난 인명피해의 결과를 초래한다는 점에서 일상 안전업무는 매우 중요하다. 그러므로 객실승무원은 비행근무 중 안전규정 및 지침사항을 항상 숙지하고 준수해야 한다.

1. 객실 점검

- 객실승무원은 각자의 근무위치를 유지하며, 비행근무 중 각 담당구역을 중심으로 비상구 주변상황, 갤리, 화장실 등 객실 전체를 주기적으로 점검하며 근무에 임한다.
- 비행 중 항상 객실 내 유동물질을 점검한다. 특히 사용하지 않는 Cart, 고정 장치가 없거나 정위치에 있지 않는 Cart는 보관장소에 보관한다. 또한 서비스 중 Cart를 방치한 채로 승객 좌석을 벗어나서는 안 된다.
- 비행 중 객실 내부에서 냄새나 연기 등이 감지되는지를 항상 주의깊게 관찰하여 기내에서 발생 가능한 화재를 미리 예방한다.

2. 안전 및 보안 점검

- 해당 항공기에 탑재된 비상/보안 장비의 위치 및 취급요령을 항상 숙지한다.
- 비행 중 조종실 출입구 주변의 보안을 유지하도록 한다. 원칙적으로 비행 중 조종실의 출입은 해당편 임무수행 중인 승무원 및 조종실 출입이 허용된 사람만 가능하며, 규정에 의한 조종석 출입절차에 따라 출입문이 개방된다.
- 객실승무원은 비행 중 불법적인 승객의 기내업무 방해행위나 위협으로부터 항공기 안전을 확보하기 위해 항상 항공보안 업무에 철저히 임해야 한다.

3. 승객의 비행 중 안전사항 준수 안내

승무원의 비행 안전업무에는 비상사태의 발생을 예방 조치하는 것뿐만 아니라 비행 중 승객의 편안하고 쾌적한 여행을 보장하기 위한 다양한 업무가 해당된다. 승객의 안전하고 쾌적한 항공여행을 위해서 객실승무원은 승객으로 하여금 비행 중 기내에서의 안전사항을 준수하도록 해야 한다. 이러한 사항들은 곧 승객의 안전을 위해 필수적으로 준수해야 할 사항들이므로 승객들의 적극적인 협조가 이루어지도록 해야 한다.

1) 금연수칙 준수

- 모든 항공기 내에서의 흡연은 항공안전 및 보안에 관한 법률로 금지되어 처벌받을 수 있다. 따라서 객실 내 금연 표시(No Smoking) 표지판에 따라 객실 내에서는 흡연이 절대 금지되므로 준수해야 한다.
- 특히 비행 전 구간 금연으로 운항되는 장거리 비행 중, 항공기가 지상에 있는 동안, 이착륙시, 객실의 화장실 내부 등의 장소에서 흡연하는 승객이 없도록 주의해야 한다.

2) 안전벨트 착용

- 항공기의 이착륙시 또는 비행 중 객실 내 표시판에 좌석벨트 표시등(Fasten Seat Belt

Sign)이 켜졌을 경우, 모든 승객은 반드시 좌석벨트를 착용해야 한다.

- 또한, 갑작스런 기류 변화로 인한 기체의 요동(Turbulence)에 대비하여 착석 중에는 가볍게 벨트를 매고 있는 것이 바람직하다.

3) 휴대수하물 보관

- 객실 내 제한된 공간에서 선반 위의 휴대수하물 관리 등 안전수칙을 준수해야 한다. 승객의 휴대수하물은 항공사에서 안내하는 지정된 크기와 무게를 초과하지 않도록 한다. 기내 선반 또는 좌석 밑에 들어갈 수 있는 크기로 3면의 합이 115cm 이하 1개로 규정된 규격 이상의 수하물은 기내 반입이 불가능하며 비상시를 대비하여 제한 통로 및 비상구 근처에 수하물을 두어서는 안 된다. 그 외 기내반입이 불가하거나 운송이 불가, 제한되는 물품에 유의한다.
- 승객의 안전을 위해 가벼운 물건은 선반 위에 보관하도록 하나 딱딱한 가방이나 무거운 물건, 깨지기 쉬운 물건은 좌석 밑에 보관해야 한다. 또한, 선반에서 떨어지는 물건에 의해 발생하는 부상을 방지하기 위해 선반을 열고 닫을 때 항상 주의해야 한다.

4) 비상용 장비 숙지

- 승객은 이륙 전에 상영되는 Safety Demonstration의 내용을 주의깊게 익혀 둔다. 만일의 비상사태에 대비하여 비치된 비상용 장비의 위치 및 사용법들을 사전에 숙지하고 본인 좌석에서 가까운 비상구의 위치를 파악하도록 한다.
- 항공기가 완전히 고도를 잡은 후에 승객이 안전하게 된다는 점을 인지하고, 항공기 사고율이 높은 이착륙시는 외부상황을 주시하고 만일의 경우에 대비하여 비상구 위치를 익혀둔다.
- 비행 중 비상구 Door Handle을 작동하지 않도록 한다.
- 비행 중 기내에 이상한 냄새, 소음, 외부상황이 의심스러울 경우 승무원에게 알리도록 한다.

5) 전자기기의 사용 제한 준수

- 기내에서 사용 불가능한 전자기기의 사용 금지 및 제한 규정을 준수하도록 한다. 기내에서 휴대용 전화기, 휴대용 TV 수신기, 무선 호출기 등의 전기, 전자기기는 사용시 전자파를 발생시켜 항공기 항행 및 통신장비에 장애를 일으킬 수 있으므로 비행 중 사용이 금지되므로 유의해야 한다. 특히 휴대용 컴퓨터, 전자오락기, 카메라 종류 등은 항공기 이착륙 단계에서 사용이 금지된다.

6) 기타 유의사항

항공기 객실은 매우 협소한 공간이므로 안전운항을 위해 승객이 지켜야 할 규정 외에도 다음과 같은 기본 에티켓이 필요하다.

① 좌석 주변

- 좌석의 등받이와 식사용 테이블 사용에 유의한다.
- 좌석 등받이는 항공기 이착륙시 및 기내 식사시는 원위치에서 하도록 한다.
- 신발이나 양말을 벗고 통로를 다니는 것은 실례가 되는 행동이다.
- 장거리 비행의 경우 다른 승객의 휴식에 방해가 되지 않도록 한다.
- 기내에서 승무원의 도움이 필요한 경우 호출버튼을 이용하도록 한다.
- 항공기가 목적지에 착륙하게 되면 승무원의 별도 하기 안내가 있을 때까지 착석을 유지하도록 한다. 항공기의 이동 중 선반을 열다가 수하물이 선반 위에서 낙하하는 등 예상치 않은 일이 발생할 수도 있기 때문이다.

② 식사시

- 기내에서는 지상에서보다 빨리 취하게 되므로 알코올성 음료를 과음하지 않도록 하며, 승무원은 승객에게 알코올음료 서비스를 제한한다. 무분별한 과다 음주자는 대다수 승객의 쾌적한 여행을 저해할 뿐만 아니라 예기치 못한 사고를 유발할 우려가 있는 등 객실안전에 위협적인 요인이 될 수 있으므로 승객의 상태를 수시로 확인하고 승객이 알코올을 다량 섭취하지 않도록 적절한 통제를 해야 한다.

다음과 같은 승객의 경우 일체의 알코올성 음료 서비스를 금지한다.

- 탑승 전 만취승객
- 비행 중 만취승객
- 범죄인 또는 호송관
- 제복 입은 항공사 직원
- 19세 미만의 미성년 승객

- 쾌적한 기내환경을 위해 기내에서 제공되는 식사 외에 외부의 음식을 준비하는 일이 없도록 한다.

③ 화장실 사용시

- 안전벨트착용 표시등이 켜져 있는 동안 화장실 사용은 금지되어 있다.
- 화장실 내에서 금연을 준수한다.
- 화장실 사용은 다른 승객에게 불편을 끼치지 않도록 청결히 한다.

제2절 Turbulence(기체요동)

1. Turbulence의 정의

기체요동은 지형의 영향과 높은 산, 지표면의 열적 특성에 의한 공기의 상승으로 난기류가 발생하여 항공기가 불안정한 지역을 통과할 때 발생한다. 이러한 급작스러운 난기류로 인해 비행 중 승객과 승무원의 부상이 발생하는 사례가 있다. 따라서 비행 중 승무원은 승객에게 Fasten Seat Belt Sign 점등 유무와 관계없이 착석 중에는 항상 좌석벨트를 착용할 것을 안내방송하고, 착용여부를 상시 점검해야 한다. 일상적으로 기장은 기체요동에 대비하여 객실준비를 위해 예상시간 및 주기 등을 객실 사무장에게 미리 통보하게 된다. 그러나 구름이 없는 맑은 하늘에 생기는 난기류인 CAT(Clear Air Turbulence)는 예측이 불가능하므로, 조우시 수직으로 항공기 전체가 낙하하는 현상이 발생하여 큰 피해를 입게 된다.

장거리 국제노선을 중심으로 기체요동의 발생 사례를 보면, 대부분 서울에서 뉴질랜드, 호주행 노선 등으로 적도를 통과하는 노선의 발생률이 높은 편이다. 그리고 기체요동으로 인한 부상자들은 대부분 화장실로 이동 중이거나, 좌석벨트를 매지 않고 앉아 있었던 승객인 것으로 나타났다.

2. Turbulence 발생시 행동지침

- 기체요동이 발생하는 경우, Fasten Seat Belt Sign이 On 되면 즉시 안내방송을 실시하고, 승객의 좌석벨트 착용상태를 점검한다. 이때 취침 중인 승객도 깨워서 좌석벨트를 착용하도록 해야 한다.
- 승객의 좌석벨트 착용 확인을 위해 조명을 밝게 조절한다. 단, 영화상영시나 승객 휴식시 등 Cabin Light가 Night(또는 Off)로 되어 있는 경우 Fasten Seatbelt Sign이 점등되면 객실 조명을 일차적으로 Dim 상태로 조절한다.
- 화장실 내 승객의 유무를 확인한다.

- 사용하지 않는 서비스용품이나 기물은 정위치에 고정, 보관한다.
- 승객의 좌석벨트 착용상태 점검이 완료되면 승무원도 Jump Seat에 착석한다.

3. Turbulence의 유형별 행동지침

기체요동은 그 강도에 따라 Light Turbulence, Moderate Turbulence, Severe Turbulence로 구분한다.

1) Light Turbulence

- 컵의 음료수가 찰랑거리는 정도로 카트를 움직이기가 약간 어렵다.

- Fasten Seat Belt Sign을 1회 On-Off
- 서비스 중인 승무원은 조심스럽게 주의하면서 서비스를 계속한다.
- 승객의 좌석벨트 착용 및 화장실 내 승객유무를 확인한다.

2) Moderate Turbulence

- 컵의 음료수가 넘치는 정도로 카트를 움직이기가 약간 어렵다.
- 기내보행이 어려우며, 기내 시설을 잡지 않고 서 있기가 곤란하다.

- Fasten Seat Belt Sign을 2회 On-Off 또는 안내방송을 한다.
- 서비스를 중단한다.
- 카트 위의 물건들을 고정하고, 기체요동이 지속되는 경우 Cart Compartment에 보관한다.
- 승무원 좌석으로 돌아가면서 승객의 벨트착용 상태를 확인한다.
- 화장실을 이용하는 승객은 즉시 좌석으로 돌아가 좌석벨트를 착용하도록 한다.

3) Severe Turbulence

- 컵이나 고정하지 않은 물건들이 바닥으로 떨어지거나, 튀어오른다.
- 기내보행 및 서비스가 불가능하다.

- Fasten Seat Belt Sign을 2회 On-Off 또는 안내방송을 한다.
- 서비스를 즉시 중단한다.
- 카트가 있을 때는 반드시 잡고 앉는다.
- 뜨거운 음료를 서비스 도중 갑작스런 기체요동이 발생한 경우, Pot를 바닥에 내려놓고 앉는다.
- 승무원도 가까운 빈 좌석에 앉는다(Cart가 있는 경우 잡고 있는다).

	현 상	조 치
Light Turbulence	• 컵의 음료수가 찰랑거리는 정도 • 카트를 움직이기가 약간 어렵다.	• 조심스럽게 주의하면서 서비스를 계속 한다. • 좌석벨트 착용 확인 • 화장실 내 승객유무를 확인한다.
Moderate Turbulence	• 컵의 음료수가 넘치는 정도 • 기내보행이 어렵다. 기내시설을 잡지 않고 서 있기가 곤란하다. • 카트를 움직이기가 약간 어렵다.	• 서비스를 중단한다. • Cart 위의 물건들을 고정하고, 지속되는 경우 Cart Compartment에 보관한다. • 승무원 좌석으로 돌아가면서 승객의 벨트 착용을 확인한다. • 화장실 이용승객은 즉시 좌석으로 돌아가 좌석벨트를 착용하도록 한다.
Severe Turbulence	• 컵이 바닥으로 떨어진다. • 고정하지 않은 물건들이 튀어오른다. • 기내보행 및 서비스가 불가능하다.	• 서비스를 즉시 중단한다. • Cart가 있을 때는 반드시 잡고 앉는다. • 음료 서비스 도중인 경우 뜨거운 음료 Pot를 바닥에 내려놓는다. • 승무원도 즉시 가까운 빈 좌석에 앉는다.

Clear Air Turbulence(Air Pocket)_ 항공기는 기체 앞쪽으로 불어오는 정풍(正風)을 적절히 이용하여 부양력을 얻으며 이륙 또는 착륙하게 된다. 그러나 맑은 하늘에 종종 난기류를 만나 항공기가 심하게 요동을 치게 되고 안전운항에 지장을 초래한다. 이 난기류란 공기의 흐름이 불규칙적인 운동을 하는 상태를 말하는 것인데, 이때 항공기는 순간적으로 중심을 잃고 때로는 고도가 급격히 떨어지는 현상이 발생하기도 한다.

일반적으로 난기류는 항공기에 장착된 기상레이더로 사전에 감지가 가능하므로 피해갈 수 있고, 또 그냥 지나가더라도 기체가 흔들릴 뿐 크게 지장이 없는 편이다. 그러나 일명 '에어포켓(Air Pocket)'이라고 불리는 청천난기류(Clear Air Turbulence)는 육안은 물론, 레이더로도 찾아낼 수 없기 때문에 예측이 불가능하다. 이는 공깃덩어리가 큰 폭으로 각각 다른 속도로 이동하다가 덩어리끼리 서로 충돌할 때 일어나는 현상이며 고도 7,000~12,000m 상공의 제트기류 주변에서 빈번히 나타나는데 때로는 산맥 부근에서 발생하기도 한다.

청천난기류를 만나게 되면 기체가 요동을 치면서 순간적으로 급강하하는 경우가 생긴다. 이는 고도나 지역에 따라 다소 차이가 있지만 심한 경우 그 폭이 상하 60m에 달하기도 한다. 항공기를 타면 승무원이 반복해서 강조하는 주의사항으로 "좌석벨트 사인이 꺼지더라도 착석 중에는 그대로 벨트를 매고 있어 달라"는 것은 그만큼 안전상 중요한 요소이기 때문이다. 실제 안전벨트를 착용하지 않고 있던 승객이 객실 천장에 부딪혀 다치는 경우도 적지 않다.

1997년 12월 28일, 승객 374명, 승무원 19명을 싣고 도쿄 나리타공항을 출발하여 호놀룰루로 향하던 유나이티드항공 UA826편 B747-400기가 2시간 정도 지났을 무렵 고도 31,000피트에서 청천난기류를 만났다. 기내에는 벨트착용 사인이 켜졌는데 항공기가 중심을 잃고 순간적으로 300m나 강하하는 바람에 많은 승객이 부상당했다. 항공기는 급거 출발했던 나리타공항으로 긴급 회항했으나 결국 32세의 여자승객 1명이 뇌출혈로 사망하고 74명의 부상자를 냈다. 당시 언론들은 떨어져 나간 천장과 산소마스크가 매달려 있는 광경을 대대적으로 보도했다. 이 사고는 최대 터뷸런스 사고로 기록되어 있다.

〈자료 참고〉 http://en.wikipedia.org/wiki/Clear-Air_Turbulence
http://en.wikipedia.org/wiki/United_Airlines_Flight_826

안전 위협하는 '비행기 불청객'_ 지난 7월 14일 오전 4시 15분(한국시간) 대한항공 KE630편이 인도네시아 발리 덴파사르공항에서 이륙했다. 257명의 승객과 14명의 승무원을 태운 이 B747-400 항공기는 이륙 후 약 40분이 흐른 시점, 인도네시아 상공을 지나 막 말레이시아 영공으로 진입했다. 장마철이었지만 기상은 비교적 양호했고 항공기 상태도 정상이었다.

이날 탑승한 승객의 대부분은 휴가철을 맞아 발리 여행을 마치고 귀국하던 한국인들이었다. 나른한 피로감에 젖어 있던 승객들이 항공기가 정상적으로 이륙한 뒤 안전벨트 사인이 꺼지자 편안한 잠에 빠져 있었다.

3만 8,000피트(약 1만 2,000m) 상공에서 고공비행하고 있던 항공기의 기체가 갑작스럽게 요동치기 시작한 것은 이 무렵이었다. '비행의 적'이라 할 수 있는 난기류(터뷸런스, Turbulence)를 만난 것이다.

항공 기상정보에도 없었을 뿐만 아니라 기상 레이더에도 전혀 감지되지 않았던 난기류의 출현을 감지한 기장은 재빨리 승무원들에게 안전벨트 사인을 보냈다. 방송담당 승무원 김혜영 씨(36·여)도 지체 없이 "안전벨트를 매달라"며 한국어 방송을 시작했다. 김씨의 몸이 항공기 천장을 향해 '붕' 뜬 것은 그때였다. 항공기가 갑작스럽게 곤두박질치면서 서둘러 마이크를 잡은 그녀의 몸이 공중으로 솟구친 것이다. 항공기는 거의 300피트(약 100m)를 급강하했고, 이 과정에서 심하게 흔들리며 승객들을 공포의 도가니로 몰아넣었다. 한 탑승객은 " 한국어 기내방송이 나오는 도중 갑자기 항공기가 흔들리면서 승객과 승무원들이 기내 벽면 등에 부딪히는 등 아수라장이 됐다"고 전했다.

'마른하늘에 날벼락'

이날 사고로 골절상과 찰과상 등 크고 작은 부상을 당한 승객은 모두 29명. 기내 서비스를 준비하던 승무원 11명도 전치 2~3주가량의 타박상을 입었다. 대한항공 관계자는 "난기류는 비행을 하다 보면 워낙 흔히 만나게 되는 상황이지만 이번처럼 300피트를 급강하하는 정도로 심한 난기류는 거의 없었다"고 말했다.

이처럼 항공기가 비행하다 보면 수많은 돌발상황과 맞닥뜨리게 된다. 이 가운데 가장 흔한 것이

위의 사례에서 나타난 난기류, 즉 터뷸런스이다. 특히 장마철이 겹치는 매년 여름이면 터뷸런스에 더욱 주의를 기울여야 한다.

터뷸런스는 일반적으로 적운(뭉게구름) 속에서 구름 내부의 풍속 차이에 의해 발생한다. 순항하던 항공기가 '공기 주머니(Air Pocket)'로 불리는 난기류 지역을 지나게 되면 바람의 방향과 속도의 변화가 심해져 기체가 요동을 치거나 심지어 급강하하는 경우가 생기게 된다. 비행기를 타 본 사람이라면 멀쩡하던 비행기가 갑자기 흔들려 불안에 떤 경험이 누구나 한번쯤 있을 텐데 그 원인이 바로 터뷸런스인 셈이다.

난기류 가운데 '청천난류(Clear Air Turbulence)'는 기상 레이더에도 잡히지 않아 가장 달갑지 않은 손님으로 통한다. 주로 중위도(30~50도) 지역의 고고도 지역(3만 피트 전후)에서 제트기류의 주변에 생성되는 강한 하강기류에 의해 발생하는 것으로 구름이나 천둥 등 일반적인 기상현상과는 무관하게 멀쩡한 하늘에서 예고 없이 발생하는 경우가 많아 예측이 곤란하다. 항공기 기장들 사이에서는 '마른하늘에 날벼락'으로 불린다.

이번에 대한항공 KE630편이 급강하한 원인도 바로 이 청천난류와 맞닥뜨렸기 때문이다. 순항 중이던 항공기가 청천난류를 만나면 항공기가 갑자기 뚝 떨어진다. 항공기가 청천난류를 맞아 급강하하면 탑승 중이던 승객들은 순간적으로 중력의 변화를 경험하게 되는데, 이는 마치 놀이동산의 바이킹이나 롤러코스터를 탔을 때의 느낌과도 비슷하다.

항공대 항공운항학과 송병흠 교수는 "일반적으로 난기류는 태양이 지표면에 내리쬘 때 올라오는 복사열로 인해 기류가 불안정해지면서 발생한다"며 "난기류를 피하기 위해서는 상대적으로 기류가 안정적인 고고도에서 비행하는 것이 좋지만 무조건 높이 날 수도 없기 때문에 약간의 난기류는 어느 정도 감수할 수밖에 없다"고 말했다.

그렇다면 비행기가 난기류로 인해 추락하는 경우도 있을까. 이에 대해 전문가들은 "그럴 일은 거의 없다"고 말한다. 우선 최근 기상 레이더 등 장비가 좋아져 대부분의 난기류를 사전에 예측할 수 있는데다, 항공기를 제작할 때부터 난기류를 만나 심하게 흔들리고 난 뒤 회복이 빠르도록 설계됐기 때문이다. 최근에는 난기류 가운데서도 예측이 까다로운 편인 청천난류도 사전에 알아낼 수 있는 장비가 연구되고 있다.

대한항공 관계자는 "승객들은 터뷸런스에 대해 두려움을 느낄 수도 있지만 항공기는 설계할 때부터 이런 상황을 모두 염두에 두기 때문에 큰 문제는 없다"면서 "다만 심하게 흔들릴 경우 기내

충돌로 인한 찰과상 등이 생길 수 있기 때문에 안전벨트 사인이 꺼진 뒤에라도 되도록 이동을 삼가고 앉은 자리에서는 항상 안전벨트를 매고 있는 편이 안전하다"고 말했다.

벼락 맞아도 승객들은 못 느껴

기류 변화에 따른 터뷸런스 이외에도 여름철 비행기가 흔히 맞닥뜨릴 수 있는 돌발상황에는 벼락(낙뢰)이 있다. 통계에 의하면 전 세계의 대형 항공기는 연간 각각 한 번 정도 벼락을 맞는다. 비행 중 항공기가 벼락을 맞는 것은 비행과정에서 구름을 통과하거나 공기와의 마찰 등 여러 가지 이유로 낮은 전압의 전기를 띠기 때문이다.

그러나 벼락을 맞아 여객기 사고가 발생하거나 승객이나 승무원이 감전되는 경우는 거의 없다. 본래 항공기는 벼락에 대비한 피뢰침이 좌우 및 수직날개 부분에 40~50개나 설치돼 있기 때문이다. 피뢰침에 벼락이 떨어질 경우 수만 볼트의 전류는 정전기 방출기를 통해 공중에 확산된다.

아시아나항공 관계자는 "운항 중 벼락을 맞으면 간혹 뾰족한 부분의 금속이 녹아 버리거나 전류에 의한 일시적 전자시스템 장애를 일으키기도 하지만 승객들은 거의 느끼지 못하는 경우가 대부분"이라며 "벼락이 심한 우박 등 악천후를 동반하지 않는 이상 항공기가 큰 피해를 입히는 경우는 거의 없다"고 말했다.

피해가 거의 없기 때문에 비행기가 낙뢰를 맞았다고 해서 별다른 대응을 하는 것은 아니다. 다만 낙뢰가 예상되는 지역에 접어들면 항공기 기장들은 조종석의 밝기를 최대로 맞춰 놓는다. 번개가 엄청나게 밝아 이를 맞았을 경우 순간적으로 시력을 잃을 수도 있기 때문이다.

이 밖에 '버드 스트라이크(Bird Strike)'도 항공사로서는 골치 아픈 존재다. 버드 스트라이크란 항공기에 새가 충돌해 일어나는 사고를 말한다. 사정을 모르는 사람들은 대형 항공기에 그깟 새 한 마리 부딪혀 죽었다고 해서 대수롭지 않게 생각할 수 있는데 천만의 말씀이다. 시속 370km로 이륙하는 비행기에 0.9kg짜리 청둥오리 한 마리가 부딪히면 항공기는 순간 4.8ton의 충격을 받는다고 한다. 이 정도의 충격이면 조종실 유리가 깨지거나 기체 일부가 찌그러질 수 있다.

오리 부딪히면 순간 충격 4.8ton

국내에서도 매년 평균 60~80건의 버드 스트라이크가 발생하는 것으로 보고되는데 이로 인한 항공사들의 피해가 만만치 않다. 항공기 몸통에 부딪히면 몰라도 자칫 새가 엔진에 빨려 들어가기라도 하면 엔진 내의 블레이드를 망가뜨리거나 심한 경우 엔진을 태우는 등의 손실을 불러오기 때문이다.

2000년 11월에는 부산발 서울행 항공기 엔진에 청둥오리 4~5마리가 한꺼번에 끼어 부산으로 회항하는 소동을 빚기도 했다. 대한항공 관계자에 따르면 지난 10년간 국내에서 발생한 크고 작은 버드 스트라이크는 모두 약 400건에 달하며 이로 인한 피해액은 몇 백억 원이 넘는다고 한다.

비행기 엔진을 고장낼 정도라면 안전에도 심각한 위협이 될 수 있겠다고 생각하는 사람이 있겠지만 꼭 그렇지만은 않다. 현재 운항 중인 대부분의 민항기의 경우 2~4개의 엔진을 갖추고 있어 버드 스트라이크로 엔진 한 개가 고장나더라도 안전하게 비행할 수 있기 때문이다. 다만 보다 안전한 운항을 위해 조류가 충돌하면 조종사는 회항 등의 조치를 취하는 것이 일반적이다.

비행경력 30년이 넘는 아시아나항공의 이호일 기장은 "터뷸런스나 낙뢰, 버드 스트라이크 등이 결코 반가운 존재는 아니지만 비행을 하다 보면 언제든 닥칠 수 있는 상황이기 때문에 크게 걱정해 본 적은 없다"면서 "비행사고의 80% 이상이 이착륙할 때 벌어진다는 통계에서도 나타나듯 조종사 입장에서는 비행기가 뜨고 내릴 때와 기내 화재 등 안전사고에 더 신경이 쓰인다"고 말했다.

〈출처 : 위클리 경향, 2005.8.16〉

제3절 기내업무 방해행위

1. 기내업무 방해행위의 정의

1) 기내업무 방해행위

승객의 기내업무 방해행위는 승무원의 정당한 직무집행을 방해하거나 승무원과 탑승객의 안전한 운항이나 여행을 위협하는 일체의 행위를 말한다. 즉, 승객이 자제력을 잃고 비이성적인 방식으로 분노를 표출함으로써 업무를 수행하는 승무원을 방해하거나 폭행, 위협, 협박하는 등의 행위를 총칭한다.

항공사가 분류하는 '기내난동사고'는 항공기가 대중 교통수단으로 일반화됨에 따라서 이제 흔히 볼 수 있으며 국내항공사의 경우도 기내난동행위 발생은 매년 급증하는 추세에 있는 것으로 조사되고 있다.

문제는 이러한 기내난동이 단순히 주변 승객의 기분을 상하게 만드는 비이성적 행위를 넘어서, 승객안전과 직결되고 나아가 비행안전을 위협하는 심각한 요인으로 작용하고 있다는 점이다. 이러한 차원에서 현재 기내난동 승객에 대한 대응책으로 제도적, 법적 규제 근거가 명시되어 있으며, 다음과 같이 항공안전 및 보안에 관한 법률을 위반하는 모든 위법행위를 말한다.

- 승무원 및 타 승객에 대한 폭행, 폭언, 협박, 위협행위 등 일체의 소란행위
- 음주 및 약물중독상태에서의 기내 소란행위
- 승무원의 경고를 무시한 기내 안전수칙 위반행위(기내흡연, 금지된 전자기기 사용 등)
- 승객 간 또는 승무원에 대한 성추행/성희롱 행위
- 기장의 승낙 없이 조종실 출입을 기도하는 행위
- 항공기가 착륙 후 항공기에서 하기하지 않고 항공기를 점거하거나 기내에서 농성하는 행위
- 제반 비행안전 저해행위(Door 조작, 화장실 내 Smoke Detector 훼손, 조종실 문을 발로 차는 행위 등)

객실승무원은 비행 중 승객의 기내난동 행위 발생 방지를 위한 업무를 수행해야 하며, 기내안전 및 보안을 위해 기내난동 행위를 하는 승객에게 해당하는 행위를 하지 말도록 요구할 권리가 있다.

2) 기내업무 방해행위의 법적 규제

항공기 내에서 승객의 안전과 비행안전을 저해하거나 위협하는 행위 또는 승무원의 업무를 방해하는 기내난동 행위자에 대한 대응책으로 제도적 절차와 법적 근거규정이 항공법에 명시되어 있다.

건설교통부는 항공기 안에서 폭언, 고성방가, 흡연 등 불법행위자의 처벌 적용범위를 운항 중인 항공기뿐만 아니라 공항에 계류 중인 항공기 안에서 위법행위를 하는 경우에도 처벌할 수 있도록 하는 등 '항공안전 및 보안에 관한 법률' 개정안을 마련하여 2006년 7월 5일 입법예고하였다.

그동안 승객이 공항에 계류 중인 항공기 안에서 기내난동 등 불법행위를 하는 경우 현행 항공안전 관련법령으로는 불법 행위자에 대한 법적 제재근거가 없어 항공 안전 확보에 어려움이 있었으나, 법률개정으로 제재(500만 원 이하의 벌금)할 수 있는 근거가 마련되어 항공기 안전 및 보안이 강화될 수 있다.

기내난동 관련 법규정_ 국제민간항공협약 등 국제협약에 따라 공항시설, 항행안전시설 및 항공기 내에서의 불법행위를 방지하고 민간항공의 안전 및 보안을 확보하기 위한 기준·절차 및 의무사항 등을 규정한 「항공안전 및 보안에 관한 법률」이 제정되어 있다. 우리나라는 2006년 7월에 적용하기 시작했고 지금과 같은 강화된 규정은 2008년 3월에 개정된 것이다.

항공 안전 및 보안에 관한 법률 제23조 '승객의 안전유지 협조의무'에는 다음과 같이 구체적으로 명시되어 있다.

① 항공기 안에 있는 승객은 항공기와 승객의 안전한 운항과 여행을 위하여 다음 각 호의 어느 하나에 해당하는 행위를 하여서는 아니 된다.

㉠ 폭언·고성방가 등 소란행위

㉡ 흡연(흡연구역에서의 흡연은 제외한다)

㉢ 주류를 음용하거나 약물을 복용하고 타인에게 위해를 초래하는 행위

㉣ 성적 수치심을 유발하는 행위

㉤ 「항공법」 제61조의 2를 위반하여 전자기기를 사용하는 행위

㉥ 기장의 승낙 없이 조종실 출입을 기도하는 행위

② 승객은 항공기의 안전이나 운항을 저해하는 폭행·협박, 위계행위 또는 출입문·탈출구·기기의 조작을 하여서는 아니 된다.

③ 승객은 항공기가 착륙한 후 항공기에서 내리지 아니하고 항공기를 점거하거나 항공기 안에서 농성하여서는 아니 된다.

④ 항공기 안의 승객은 항공기의 안전이나 운항을 저해하는 행위를 금지하는 기장 등의 정당한 직무상 지시에 따라야 한다.

⑤ 항공운송사업자는 금연 등 항공기와 승객의 안전한 운항과 여행을 위한 규제로 인하여 승객이 받는 불편이 감소되도록 필요한 방안을 강구하여야 한다.

⑥ 기장 등은 승객이 항공기 안에서 제1항 제1호 내지 제5호에 해당하는 행위를 하거나 할 우려가 있는 경우 이를 중지하게 하거나 하지 말 것을 계고하여 사전에 방지하도록 노력하여야 한다.

⑦ 항공운송사업자는 보안검색을 거부하는 자, 음주로 인하여 소란행위를 하거나 할 우려가 있

는 자 등 국토해양부령이 정하는 항공기 안전운항을 해할 우려가 있는 자에 대하여 탑승을 거절할 수 있다.

안전을 저해하는 행위의 규정은 국가마다 약간의 차이는 있지만 대략 다음과 같은 행위를 들고 있다.

- 이착륙시 좌석벨트를 착용하지 않는 행위
- 기내 화장실에서의 흡연
- 기내에서 Exit Door를 마음대로 조작하려는 행위
- 좌석벨트 착용 지시에 정당한 이유 없이 거부하는 행위
- 조종실 전기계통에 영향을 끼칠 우려가 있는 사용이 금지되는 전자기기를 사용하는 행위
- 이착륙시 좌석의 등받이, 테이블, Footrest를 원위치에 되돌려 놓지 않는 행위
- 수화물을 객실통로 등 비상탈출에 방해가 되는 장소에 두는 행위
- 객실승무원의 보안업무 집행을 방해하는 행위(이에는 성희롱이나 언어폭력이 포함된다)
- 기내의 비상용 장치·기구(구급함, 구명조끼, 소화기, 비상용 경보장치 등)를 이동 또는 작동시키는 행위

항공기 내 '난동' 급증…. 지난해 42.4% 늘어_ 항공기 내 '난동(Air Rage)' 행위가 갈수로 증가하고 있다.

19일 항공업계에 따르면 지난해 대한항공과 아시아나항공에서 발생한 기내난동 건수는 모두 94건인 것으로 나타났다. 이는 전년(66건)에 비해 42.4% 증가한 수치로 올해에도 기내난동이 잇따르고 있어 대책이 시급한 것으로 지적되고 있다.

우선 미국 라스베이거스발 인천행 KE010편에서 기내 흔들림으로 인해 좌석 복귀 및 안전벨트를 착용해 달라는 승무원의 요청에 심한 폭언을 한 A모(65)씨가 16일 공항 경찰대에 연행된 후 불구속 기소됐다.

지난 5일 김포발 김해행 KE1103편에서 술에 취해 항공기에 탑승한 B모(46)씨가 "아이 울음소리가 시끄러워 짜증난다"며 주먹으로 앞좌석을 치고 이를 저지하는 다른 승객과 승무원에게 고성으로 욕설을 하는 등 기내에서 10여 분간 난동을 부린 혐의로 경찰에 인계됐다.

또 지난달 1일에는 자카르타발 인천행 대한항공 KE628편이 인도네시아지역의 폭우로 인해 12시간가량 지연 출발하는 상황이 발생하자 인천공항 도착 후 50여 명의 승객이 항공기에 남아 1인당 200만 원의 보상을 요구하며 농성을 벌이고 승무원과 지상 직원에게 물을 뿌리는 등 과격한 행동을 했다. 대항항공은 농성을 주도하고 승무원에게 물을 뿌린 C(31)씨를 고발 조치했다.

지난 1월 17일에도 인천발 워싱턴행 대한항공 KE093편에 탑승한 D(68)씨가 기내에서 여승무원에게 욕설과 폭행을 가한 혐의로 미국 공항 경찰에 체포됐다가 훈방 조치됐다.

기내난동 유형을 보면 흡연이 가장 많았다. 이어 폭언·고성방가 등 소란을 비롯해 음주가 뒤를 이었다. 현행 항공안전 및 보안에 관한 법률은 기내 소란행위, 흡연, 주류 음용 및 약물복용 후 타인에게 위해를 초래하는 행위, 성적 수치심 유발 등은 500만 원 이하의 벌금을 부과토록 규정하고 있으며 항공안전법이 아니더라도 폭행죄 및 재물 손괴죄 등을 엄격하게 적용해 처벌할 수 있다.

대한항공 관계자는 항공안전 확보와 승객들의 쾌적한 여행을 위해 처벌규정을 선진국 수준으로 높이는 한편 엄격한 법 적용이 필요하다고 말했다.

〈출처 : 아시아경제, 2008.03.19〉

5년간 기내난동, 10건 중 3건 '음주행위'_ 최근 5년간 일어난 기내난동 중 음주로 인한 위해행위가 가장 많았지만 기내난동 행위로 인한 처벌은 10%에 그친 것으로 나타났다.

국회 국토해양위 소속 정희수 의원(한나라당)은 14일 항공안전본부가 제출한 국감자료를 분석한 결과, 2003년부터 2008년 8월 말까지 발생한 기내난동 사유 중 음주로 인한 위해행위가 97건으로 가장 많은 것으로 나타났다고 밝혔다.

정 의원에 따르면 2003년부터 2008년 8월 말까지 발생한 기내난동 행위 324건 중 음주로 인한 위해행위가 29.9%에 달하는 97건으로 가장 많았고 흡연 등의 기타 사유로 인한 난동행위가 80건, 고성방가 등 소란행위가 67건 순이었다.

이와 같이 음주로 인한 위해행위가 꾸준히 발생하고 있는데도 항공사에서 제공하는 알코올성 음료는 2003년 이후 꾸준히 증가해 2007년에는 2003년보다 61% 증가한 227만 리터를 넘게 제공하고 있는 것으로 조사됐다.

현재 각 항공사는 알코올성 음료를 3회까지는 제공하고, 그 이후에는 승무원이 판단해 손님에게 다른 음료를 권유하도록 하고 있지만, 이는 강제력이 없어 그 효과는 의문이다.

또한 난동행위를 방지하기 위해 2005년 「항공안전 및 보안에 관한 법률」 개정을 통해 "주류나 약물을 복용하고 타인에게 위해를 초래하는 행위를 포함해 기내난동 행위에 대해 500만 원 이하의 벌금형(제50조 2항)"에 처하도록 돼 있지만, 2003년부터 2008년 8월 말까지 발생한 324건의 기내난동 행위 중 벌금형을 받은 사람은 10.29%인 32건에 그쳤다.

이와 관련해 정희수 의원은 "기내난동 행위는 다른 승객의 불편을 초래해, 항공기를 통한 여행을 기피하는 등의 원인이 될 수 있다"며 "현재 솜방망이 처벌에 그치고 있는 '항공안전 및 보안에 관한 법률'을 더 엄격하게 적용하고, 항공사들 스스로도 알코올성 음료 제공을 줄이는 등의 노력이 필요하다"고 강조했다.

〈출처 : 메디컬투데이, 2008.10.14〉

2. 기내업무 방해행위의 유형

1) 유형 Ⅰ : 공격적이나 설득이 가능한 유형

- 항공기 지연 운항, 좌석 불만, 기내 서비스 불만 등이 원인이다.
- 주로 항공사 조치에 관한 불만을 제기하는 유형으로, 기내난동으로 연결되지 않도록 초기에 원만히 해결하는 것이 바람직하다.

2) 유형 Ⅱ : 공격적이며 대화가 어려운 유형

- 만취, 흡연, 승객 상호 간 싸움, 폭언, 규정 위반 등이 이에 속한다.
- 유형 Ⅰ의 난동행위가 지속되는 경우, 또는 다른 승객의 여행 및 승무원 업무방해, 위협을 끼치는 경우이다.

3) 유형 Ⅲ : 범법적 성격이 농후한 유형

- 승객 혹은 승무원의 신체적 상해행위, 기내설비 파괴행위, 기내반입금지 무기 휴대 등이 해당한다.
- 유형 Ⅱ의 난동행위가 지속되는 경우, 또는 안전운항 및 승객과 승무원의 안전을 심각하게 위협하는 경우에 해당한다.

3. 기내업무 방해행위시 대응절차

기내업무 방해행위, 기내난동 행위에 대한 대처요령은 다음과 같다.

1) 1단계 : 설득과 요청

- 해당 승객에게 현재의 행동이 규정에 위반됨을 설명하고, 행위를 즉각 중지할 것을 요청한다.
- 초기 단계이므로 합리적이고 이성적인 설득과 대화가 요구된다.

2) 2단계 : 경고

- 1단계 대응 후에도 해당 승객이 위반행위를 계속할 때에는 위반 규정을 재설명하고 구두경고나 경고장을 제시하며 사법처리될 수 있음을 경고한다.
- 이 단계에서 사무장은 기장과 합의하여 기내업무 방해행위시 발생보고서 Report를 작성한다.

3) 3단계 : 강력 대응

- 2단계 대응에도 불응하고, 해당 승객의 기내업무 방해 정도가 안전운항에 직접적이고 심각한 영향을 미칠 것으로 판단되는 경우, 기장과 협의하여 기내 비치된 구금장비를 이용하여, 구금 조치한다.
- 필요시에는 승객과 격리 조치한다.
- 도착지 공항에 연락하여 공항 관할 경찰의 대기요청을 한다. 공항에 도착한 후 경찰에 인계 조치한다.

05 PART 비상 및 보안 장비

제1절 비상장비

제2절 보안장비

제5장 비상 및 보안 장비

제1절 비상장비

항공기 내에는 만일의 비상사태 발생에 대비하여 일반 비상장비, 비상탈출장비, 화재장비, 의료장비, 보안장비 등 각종 비상 및 보안장비들이 탑재되어 있다.

예를 들면, 화재예방에 대비한 Smoke Detector, 화재 진압에 필요한 소화기 및 PBE 등이 객실 내에 비치되어 있으며, 그 외 비상착륙 및 착수 때를 대비하여 항공기 탈출용 미끄럼대인 Escape Slide를 비롯하여 구명보트 역할을 해주는 Life Raft, Emergency Megaphone, 구조 신호용 비상장비 등이 항공기 내에 비치되어 있다.

또한 기내에는 응급환자 발생시 승객에게 제공할 수 있는 소화제, 진통제 등 간단한 의약품뿐만 아니라 승객 중 의사가 있을 때 사용할 수 있는 수술도구 및 각종 구급약품이 탑재된다. 최근에는 심장마비를 일으킨 환자의 심장에 전기적인 충격을 전달하여 심장기능을 소생시켜 주는 응급 의료기구도 탑재 운영하고 있다.

1. 커뮤니케이션 장비 및 시스템

1) Public Address(PA)/Interphone System

- Handset의 형태로 되어 있으며, 조종실 및 객실의 각 Station Panel에 장착되어 승무원

상호 간 의사전달 수단이 된다. 객실 전체에 방송을 실시할 수 있는 PA 기능과 객실승무원 상호 간, 혹은 객실승무원과 운항승무원 간에 의사소통을 가능하게 하는 기내 통화의 인터폰 기능이 있다.

- 항공기 기종별로 사용법이 약간씩 상이하며, 통화 및 방송을 위해 고유의 호출번호를 사용할 수 있다.

PA의 Priority

① Cockpit Crew
② Attendant Crew
③ Pre-Recorded Announcement
④ Video System Audio
⑤ Boarding Music

- 인터폰을 통해 비상시 Emergency Signal(비상신호)을 보낼 수 있다. 비상신호는 비상상황시 조종실 및 다른 승무원에게 알리기 위한 승무원 상호 간 연락을 위해 Interphone으로 보내는 신호를 말하며, 비상탈출 신호와는 구분된다. 모든 승무원은 비상신호를 듣는 즉시 Handset을 들고 자신의 위치를 말한 후 발신자로부터 상황이나 지시를 전달받게 된다.

2) Megaphone

비상상황시 PA 사용이 불가능한 경우, 이를 대신하여 비상탈출시 혹은 비상탈출 후에 승객에게 탈출을 지휘하거나 정보를 전달하기 위해 사용한다.

3) Evacuation Signal

- 기내에는 비상탈출시 탈출을 명령할 수 있는 Evacuation Signal을 On할 수 있는 Evacuation Command 스위치가 장착되어 있으며, 이는 조종실 및 객실에서 조작할 수 있다.

비상탈출시 중/대형 항공기는 PA로 탈출명령을 내린 후 Evacuation Signal을 주게 된다. 단, B737과 F100 항공기 등은 Evacuation Horn 기능이 없으므로 PA, 육성이나 메가폰으로 탈출명령을 내린다.

2. 비상탈출 장비(Emergency Evacuation Equipment)

- 항공기에는 만일의 사고가 발생했을 경우에 대비하여 승객을 무사히 탈출시키고 구출을 돕기 위한 장비품을 비치하도록 항공법에 명시되어 있다.
- 항공기가 불시착했을 때 탈출을 돕는 슬라이드, 구명보트, 구명조끼, 조난된 위치를 알리는 전파발신장치, 발화신호장치, 부상한 승객을 치료할 수 있는 구급간호약품 세트 등이 기내에 탑재되어 있다.

1) Life Vest(구명복)

- 항공기가 바다나 호수에 비상착수시 익사 방지 및 해상 표류시 체온강하를 방지하는데 목적이 있다.
- 승객 좌석 하단 및 Armrest 하단에 보관되어 있다.
- 일반승객용은 노란색으로 국제표준화되어 있고, 승무원은 오렌지색이다.
- 성인용과 유아용이 있으며, 유아용 구명복에는 보호자와 연결할 수 있는 연결끈이 있다.
- 구명복의 탑재는 항공기의 종류나 운항하는 노선에 따라 다소 차이가 있다. 즉, 장거리 해상비행을 하는 항공기에는 반드시 구명보트를 탑재하지만 국내선 등 단거리 육상비행을 하는 항공기에는 탑재하지 않는다.
- 구명복의 사용법은 다음과 같다.

① 붉은색 팽창손잡이가 앞쪽으로 오도록 머리에서부터 입는다.

② 양쪽의 Strap 사이로 팔을 집어넣은 후 평평하게 아래로 잡아당긴다.

③ 양쪽의 조절손잡이를 이용, 몸에 맞도록 조절한다.

④ 양쪽의 손잡이가 있는 끈을 당기면 신속하게 공기가 주입되면서 각각 두 개의 튜브를 부풀리게 된다. 만일 작동하지 않거나 충분히 부풀지 않을 때에는 양쪽의 고무관을 이용하여 입으로 불어서 팽창시키도록 한다.

구명복은 반드시 탈출 직전에 부풀려야 하며 사전에 부풀릴 경우 탈출에 방해가 되고 손상의 우려가 있다. 또한, 야간일 경우에 대비하여 어깨 부분에 해수(海水) 전지로 점등하는 표지등이 붙어 있다. 구명복의 "Pull to Light"의 Tap을 당기면 Battery Hole이 나타나고 여기에 물이 들어가 소형 위치 표식등(Locator Light)이 들어오며 약 8~10시간 작동한다.

2) Flash Light(손전등)

- 비상사태시 승객을 유도하고 신호를 보내며 야간에 시야를 확보하기 위한 용도로 사용된다.
- 승무원의 좌석 부근에 비치되어 있으며, 장탈하면 자동적으로 불이 켜진다.

3) ELS(Emergency Light Switch, 비상등)

- 비상탈출시 시야를 확보하고 항공기 내부와 외부의 탈출경로를 밝혀주기 위한 비상등을 작동시키기 위하여 사용한다.
- 기내 전원공급이 중단된 경우 자동으로 비상구까지 안내하며, 조종실이나 전방 Cabin Attendant Panel(일반적으로 L1 혹은 L2)에서 ELS를 On시킴으로써 작동이 가능하다.

- B747 : 조종실, L2
- A330 : 조종실, L1
- B737 : 객실후방 Attendant Panel

① Interior Emergency Light

비상탈출을 유도하는 비상등은 객실천장, 통로, 비상탈출 통로 표지를 따라 비상구까지 연결되어 있다.

각 비상구에 위치한 비상탈출구 표시등(Exit Sign Lights)은 비상탈출구의 위치를 알려주기 위해 설치되었으며, 비상탈출 통로 표지(Emergency Escape Path Marking)는 항공기 안이 연기로 덮였을 경우라도 승객이 쉽게 통로를 확인할 수 있도록 통로 바닥면이나 좌석의 측면(B777), 기내의 계단(B747) 측면에 일정 간격으로 비상용 조명등이 설치되어 있다.

② Exterior Emergency Light

비상탈출시 슬라이드 등 팽창된 탈출장비의 주위를 비춰주기 위한 것으로, 특히 야간에 불시착했을 때 항공기 외부를 비추는 비상용 조명이다. 독립된 비상용 전원(Emergency Battery)에 의해 작동하도록 되어 있다.

책을 읽을 수 있을 정도로 밝으며 적어도 10분 이상 점등된다.

4) ELT(Emergency Locator Transmitter, 무선 송신기)

- 비행기가 비상 착륙, 착수시에 신호음을 통해 현재의 위치를 송신하는 구조요청을 할 수 있는 긴급 무선 송신기이다.
- 물과 접촉해 작동되는 Battery를 전원으로 사용하는 송신기로서 조난신호를 48시간 동안 지속적으로 발신한다.
- 비닐커버로 싸여 있지만 커버를 떼고 물에 담그면 자동으로 안테나가 늘어나게 되어 전파법에 지정된 2종류의 조난주파수(121.5MHz와 243MHz)의 전파를 발신하게 된다.

3. Escape Device

Escape Device는 비상사태시 승객과 승무원이 항공기로부터 신속하고 안전하게 탈출하기 위해 사용되는 장비를 말하며 Slide, Slide/Raft, Life Raft가 있다. 이는 탈출용 미끄럼대인 Escape Slide와 비상착수시 50~60명 정도 탑승할 수 있는 구명보트 역할의 Life Raft, 그리고 대부분의 신기종에 장착되어 있는 이 두 가지의 분리된 기능을 합한 Slide/Raft를 일컫는다.

Escape Device는 비상시 Door(Armed Position) 상태를 열면 자동으로 팽창되도록 되어 있으나 만일 팽창하지 않으면 Manual Inflation Handle[4]을 잡아당긴다.

1) Slide

- 항공기가 긴급히 비상 착륙했을 때 승객 및 승무원을 안전하게 항공기 밖으로 탈출시키기 위한 장치로 대형 여객기에는 탑승구 자체가 그대로 비상탈출구가 되어 이곳에 긴급탈출용 미끄럼대(Emergency Escape Slide), 탈출용 밧줄(Evacuation Assist Rope)이 장착되어 있다.
- Slide는 90초 이내에 승객, 승무원 전원이 탈출할 수 있도록 설계되어 있기 때문에 비상구 문을 여는 것과 동시에 약 10초 만에 자동으로 팽창하여 펼쳐져서 미끄럼대의 형태로 된다.

4) Escape Device를 수동으로 팽창시키기 위해 잡아당기는 핸들.

- Single Lane과 Double Lane이 있으며, 비상착수시에는 뒤집어서 부유장비로 사용할 수 있다.

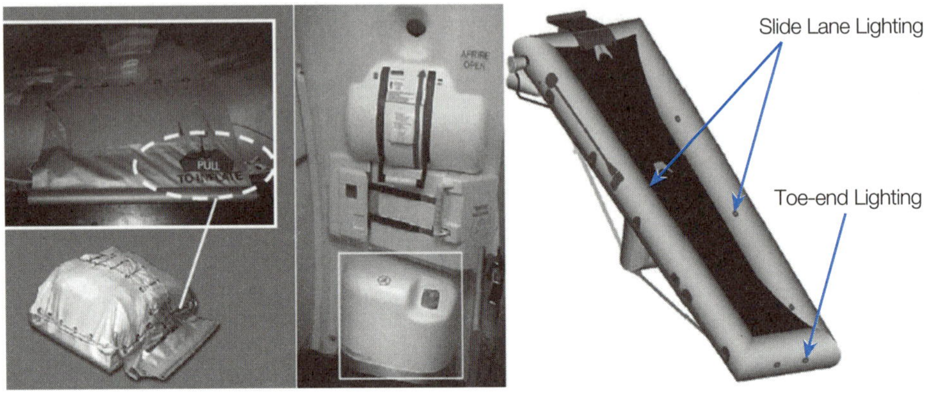

Evacuation Slides(Slide pack & Slide lighting)

2) Life Raft

- 비상착수시에 항공기로부터 탈출한 후, 구명보트 역할을 하는 장비로 압축가스로 팽창시켜서 탑승자를 수용하게 된다.
- Door 주변의 천장 내에 보관되어 있다.

■ Life Raft의 사용법

㉠ Raft를 사용할 Door 쪽으로 옮긴다.

㉡ Raft의 연결 끈을 항공기 Door 주변의 단단한 시설물에 묶는다.

㉢ Raft를 항공기 외부 물 위로 던진다.

㉣ 팽창 핸들인 D-ring을 잡아당기면 Raft가 팽창한다.

㉤ Raft가 팽창하지 않는 경우 연결 끈을 다시 한번 당긴다.

- 구명보트에는 구명보트 탑승 후 표류하게 되는 때를 대비해 비상용 식량, 식수제조기, 약품, 통신장비 등 Survival Kit가 내장되어 있다.
- B747, DC10, B767 이후 최근 도입되고 있는 기종에서는 탈출용 미끄럼대가 탈출 후 바로 구명보트로 사용할 수 있는 형식(Slide/Raft)으로 바뀌고 있으며, 이는 기체의 경량화에도 도움이 된다.

3) Slide/Raft

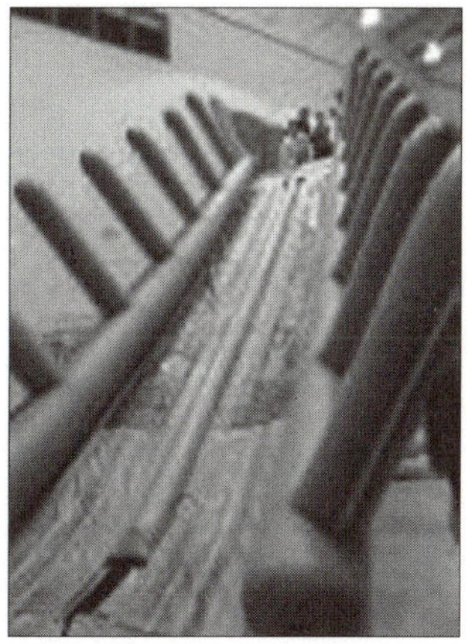

- 비상착륙시 항공기로부터 탈출하기 위한 장비이며 비상착수시에는 Life Raft 겸용으로 사용한다. 구형 항공기의 경우는 구명보트가 기내의 일정 장소(주로 객실천장이나 승객용 의자 위에 있는 수하물 보관장소)에 비치되어 비상시에 승무원이 이것을 꺼내어 바다에 던져서 사용했으나, 최근 대부분의 항공기는 출입문에 부착된 비상탈출 미끄럼대(Escape Slide)가 구명보트(Life Raft) 역할을 겸하게 되어 있다. 그러므로 명칭도 이 두 가지의 핵심 단어만 조합한 'Slide Raft'라고 칭한다.
- Double Lane으로 되어 있으며, Survival Kit가 장착되어 있다.

747에서 U/D과 No.3 Door(Slide)를 제외한 모든 Door에는 Slide/Raft가 장착되어 있다.
A300에서 No.3 Door(Slide)를 제외한 모든 Door는 Slide/Raft가 장착되어 있다.

4) Raft 부속 장비

Raft 또는 Slide/Raft에는 물 위에서 Raft를 설치, 수리 및 관리하는 데 필요한 설치/수리용 장비, 구조신호를 보내는 신호용 장비 그리고 구조될 때까지의 비상식량, 구급약 등 생존용 장비 등이 있다.

① **설치/수리용 장비**(Sustaining Equipment)

- Canopy : 파도, 바람, 직사광선 차단용 차양
- Canopy Pole : Canopy를 설치하기 위한 차양 지지대
- Sea Anchor : Life Raft가 파도, 바람에 표류하는 것을 방지하기 위한 헝겊 Bag 형태의 닻
- Repair Clamp : 손상된 Life Raft 수선용 꺽쇠, 수리용 조임쇠
- Hand Pump : Life Raft 공기보충용 보급기
- Bucket : Life Raft 내 물을 퍼내는 용기
- Sponge : Life Raft 내 수분 제거용 비품
- Heaving Line : 물에 빠진 사람 구조시 또는 Raft 간 서로 떨어지지 않게 연결할 때 사용하는 구명줄
- Mooring Line : 항공기에 다시 들어갈 경우 사용되는 Re-entry line으로서 Escape Device와 항공기를 연결해 주는 최종적 line
- Knife : 항공기와 Life Raft 사이의 연결 끈(Mooring Line)을 절단하는 칼

② **긴급신호용 장비**(Signal Equipment)

- Smoke/Flare Kit : 연기불꽃 발생기. 표류 중에 소재지를 알리는 방법으로 낮에는 연기로, 밤에는 불꽃으로 구조대에게 Raft의 조난위치를 알려주는 장비
- Sea Dye Marker : 바닷물 빛깔을 변하게 하는 해양 염색제
- Signal Mirror : 태양광선을 반사시켜 조난위치를 알리는 신호거울
- Whistle : 시계가 불량한 위치에서 소리를 이용하는 신호장비

③ **생존용 장비**(Survival Equipment)

- Sea Water Desalting Kit : 바닷물을 식수로 정제하는 해수 염분제거용 정수기
- First Aid Kit : 비상용 구급약품
- Ration : 비타민 정제, 캔디, 껌 등 비상식량
- Water Container : 식수 저장용기
- Survival Book : 식용식물 구별법, 오지생존법, 식량고갈시 대처방법 등 생존관련 설명서

- Raft Manual : Life Raft 설명서
- Compass : 나침반
- Bible : 성경

4. 화재예방 및 진압장비

1) 소화기

항공기 내에는 비행 중 화재가 발생하거나 비상사태시의 화재에 대비하여 화재상황에 맞는 소화기가 장착되어 있으며 화재의 유형에 맞게 사용한다. 소화기 유형은 미국방화협회(NFPA)에서 규정한 것으로써 화재의 연소특성에 따라 다음과 같이 분류한다.

구분	유형	소화기
A	연소성 고형물질(종이, 의류, 옷감, 고무, 플라스틱 등)	H_2O Type Halon Type
B	기름(가연성 액체, 기름, 페인트 등에 의한 화재)	Halon Type
C	전기류(오븐, 객실조명 등 전기장비에 의한 화재)	Halon Type

① H_2O 소화기

- 고형물질, 종이, 의류 등의 일반화재에 사용하며 기름, 전기화재에는 사용이 불가하다.
- Halon 소화기로 소화 후, 재발화의 위험을 막기 위해 사용하기도 한다.
- 사용법은 다음과 같다.
  ㉠ 소화기를 수직으로 세운다(소화기를 뒤집거나 옆으로 눕혀서 사용하지 않는다).
  ㉡ 손잡이를 시계방향으로 충분히 돌린다.
  ㉢ 화재의 근원을 향해 Lever를 누른다(2~3m 거리 유지).

② Halon 소화기

- 모든 화재에 사용 가능하나 주로 기름, 전기, 전자 장비 등 내부시설물 일반 화재에 사

용한다. 화재 발생시 3가지 요인은 열, 매체, 산소인데 Halon 소화기는 산소를 차단하여 진압하는 소화기이다.

- 사용법은 다음과 같다.

  ㉠ 소화기를 수직으로 세운다(소화기를 뒤집거나 옆으로 눕혀서 사용하지 않는다).

  ㉡ Locking Pin을 당겨 뽑는다.

  ㉢ Handle과 Lever를 한 손에 쥐고 꽉 누른다(2m 거리 유지).

  ㉣ 소화기의 노즐은 불꽃의 아래쪽을 향하도록 한다.

진화된 화재도 재발화 방지를 위해 소화액을 충분히 분사, 소화상태를 확인한다.

2) PBE(Protective Breathing Equipment)

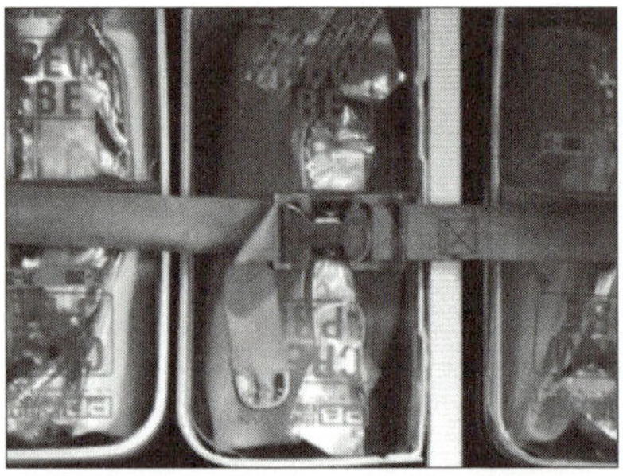

- 기내에 발생한 화재를 진압할 때, 연기 및 유독성 가스로부터 호흡 및 안면을 보호하고 시야를 확보하기 위한 목적으로 사용하는 장비이다.
- 방염소재로 진공 포장되어 기내에 비치되어 있으므로, 승무원은 비행 전 정위치 보관여부, ID TAG 상태(진공상태)를 확인한다.
- 착용상태로 인터폰 사용 및 대화가 가능하다.
- PBE 작동시에는 귀가 뻥하고 울리며 순간적인 이명현상, 두통이 발생할 수 있다.
- 유효시간(15분간 사용가능)이 초과한 경우에는 내부기온이 상승되므로 신속히 벗어야 한다.

3) Smoke Goggle

- 화재를 진압할 때 연기로부터 시야를 확보하거나 눈을 보호하기 위해 사용한다.
- 유독가스와 연기가 발생한 곳에서 PO_2와 함께 사용이 가능하다.

4) 석면장갑

- 불연성 석면을 재료로 사용하여 만든 장갑으로 화재 진압과정에서 뜨거운 물체나 불타는 물체를 잡아야 하는 경우 손을 보호하기 위해 사용한다.
- Cockpit 내에 탑재되어 있다.

5) 손도끼

- 접근이 불가능한 객실구조물 내부에서 화재가 발생했을 때, 화재진압에 방해가 되는 장애물을 제거하기 위한 장비로 사용한다. 단, 항공기에 손상을 주면서 화재를 진압해야 하는 경우 반드시 기장과 협의한 후 사용해야 한다.
- 안전 규정상 Cockpit 내에 탑재되어 있다.

6) Smoke Barrier

2층 구조의 항공기에 장착되어 있는 것으로 Main Deck Cabin에서 화재가 발생했을 때, 연기가 계단을 통해 Upper Deck으로 올라오는 것을 방지하기 위한 시설물이다.

7) Circuit Breaker

- 커피메이커나 오븐 등의 전기시설 장비가 있는 항공기 갤리 내에 전원을 차단시키는 검은색 버튼을 말한다.
- 전기의 과부하 현상이 발생하면 Circuit Breaker가 튀어나와 전원공급을 차단시키는 역할을 하게 된다.

■ 주의사항

- 과열현상이 제거된 후 Circuit Breaker를 눌러 재연결을 하기 전에 기장에게 연락한다.
- Circuit Breaker를 이용한 전원 재연결은 1회에 한하여 가능하므로 재연결된 Circuit Breaker를 다시 사용할 때에는 이를 인지할 수 있도록 반드시 표시를 해두어 다른 승무원의 사용을 방지한다.
- 해당 Circuit Breaker가 다시 튀어나오는 경우 재사용을 금한다.

8) Galley Master Power Shut Off Switch

갤리 전원은 기본적으로 조종실에서 공급, 차단하며 B747/B777 항공기의 Galley에는 전원 공급 차단을 위한 Main Power Shut Off Switch가 설치되어 있다.

즉, Galley 내에 화재가 발생한 경우, 해당 Galley Master Power Shut Off Switch를 사용하여 공급되는 전원을 우선 차단할 수 있다.

9) Smoke Detector

- 기내화재 방지를 위해 연기를 감지하여 경보신호를 발신함으로써 화재발생 사실을 조기에 감지하게 하는 장치이다.
- 연기 감지시 고음의 경고음과 동시에 Smoke Detector 내 Alarm Indicator Light(Red)가 점등되며, 연기가 소멸될 때까지 지속적으로 점등된다.
- 화장실 내부와 Crew Bunk에 설치되어 있다.
- 일부 항공기(747-400, 737-800, A330 제외)에는 화장실 천장의 Smoke Detector에 정상 작동 여부를 점검할 수 있는 Smoke Detector Test Button이 장착되어 있다.

5. 응급처치 의료장비

1) Portable Oxygen Bottle(PO_2 BTL)

- 기내에는 감압시와 같은 비상시 응급처치를 목적으로 승객에게 산소를 공급하기 위해 PO_2가 탑재된다.
- PO_2는 모든 승무원의 좌석 하단 또는 근처에 비치되어 있으며, 객실승무원은 비행 전 점검시 PO_2의 탑재위치, 마스크 Fitting 및 연결상태를 확인해야 한다.

2) Medical Bag

- 비행 중 필요시 승객에게 신속하게 제공하도록 승무원이 휴대하는 의약품을 말한다.

■ **내용품**

- 해열진통제(타이레놀), 소화제, 지사제, 연고, 일회용밴드, 탈지면 등이 있다.
  단, 승객에게 약을 제공할 때는 해당 승객이 약에 대한 알레르기 반응이 없는지 반드시 확인해야 한다.

3) First Aid Kit(FAK)

- 비행 중 응급상황에 처한 승객의 사고 및 질병의 응급처리를 위해 기내에 탑재하는 구급처치용 의약품 함으로 항공법에 의해 반드시 기내에 탑재도록 규정되어 있다.
- 사용 전 기장에게 알리고 사용하며, 전문 의료인 없이 개봉할 수 있다.
- Seal이 뜯어진 것은 하나의 완전한 Kit로 인정하지 않으며, 한 번 개봉한 것은 반드시 새로 교체해야 한다.

■ **내용품**

- 의료장비 : 붕대, 반창고, 가위, 압박붕대, 일회용밴드, 부목, 삼각건, 소독솜, 수술용 장갑, 인공 기도유지기 등
- 의약품 : 멀미약, 소화제, 해열진통제, 연고 등

4) Emergency Medical Kit(EMK)

- 비행 중 응급환자 발생시 전문적인 치료를 위한 의약품 및 의료기구를 보관해 놓은 비상의료함으로, 의사 및 기장이 판단한 관련 의료인만이 사용할 수 있다.
- 대형 기종에만 탑재된다(B737에는 미탑재).

■ **내용품**

- 전문적인 치료에 필요한 의료장비 및 의약품

5) Universal Precaution Kit(UPK)

- 환자의 질병, 오염물질로부터의 보호를 목적으로 오염된 물질을 담아두는 곳을 말하며, UPK는 Resuscitator Bag 안에 있다.

■ **내용품**

- 환자의 체액이나 혈액을 직접 접촉하지 않도록 하기 위해 소독되어 있는 장갑, Mask, 보호가운, 오염물 처리 Bag 등

6) Resuscitator Bag

- CPR(심폐소생술) 및 인공호흡을 실시할 때 사용하는 보조기구로서 환자의 호흡을 유도하고 산소를 추가적으로 공급하기 위해 사용한다.
- Resuscitator Bag은 EMK 손잡이에 부착되어 탑재되며, 비행 전 정위치 탑재 여부를 확인한다.

7) Automated External Defibrillator(AED)

- AED란 심실 세동으로 인하여 심장박동이 정지된 환자발생시 심장박동을 정상으로 복구하는 데 사용되는 심실자동 재생기를 말한다.
- 비행 전 비상장비 점검시 AED의 정위치 보관여부 및 Battery 점검(손잡이 옆에 초록색 불빛이 들어와 있는지를 확인)을 해야 한다.
- 의사 또는 1급 응급구조사, AED 교육을 이수한 승무원만이 사용할 수 있다.
- Emergency Medical Kit(EMK)와 함께 Cockpit 내에 탑재되어 있다.

제2절 보안장비

1. 보안장비 및 시스템

항공기 안전운항에 위해가 되는 승객의 기내난동 및 항공기 불법탈취(Hijacking)에 대응하고, 객실 안전 유지를 위해 기내에 탑재 운영되는 보안장비 및 시스템을 말한다. 항공사별로 약간의 차이는 있으나, 일반적으로 항공기 내의 보안장비로는 비상벨, 전자충격총(Taser) 및 보관함, 방폭담요, 방탄조끼, 타이랩(Tie-Wrap), 포승줄 등이 특정한 장소에 보관 및 장착되어 유사시 사용하고 있다. 이 중 포승줄과 타이랩은 방폭 Mat 보관용 Cover 내에 탑재되어 있다.

원칙적으로 무기류는 기내에 반입될 수 없으나 정부기관의 요인 경호, 범죄인 호송 등 해당편에서 공적인 업무수행시에 한하여 그 절차에 따라 해당 총기류를 항공기 조종실에 탑재할 수 있다.

비상벨은 항공기의 구조상 결함 혹은 화재, 불시착 등과 관련한 비상 위급상황이 아닌 하이재킹, 테러와 관련된 인적요인의 비상시를 위한 비상연락장치이다.

이 장치는 보안의 위해가 예상되는 일부 항공사에만 장착된 시설로서, 갤리 혹은 항공기의 특정한 공간에서부터 조종석 간의 비상연락장치를 가설해 놓았다.

2. 폭발물 관련

- 항공기 내에 폭발물 발견시 폭발물에 의한 피해를 최대한 줄이기 위해 기내에 방폭 Mat(항공기 내에서 폭발물을 덮어씌워 사용하는 장비), 방폭 Jacket 등을 탑재, 운영한다.
- 비행 중 항공기 내에서 폭발물을 처리해야 할 경우, 보안절차에 따라 사무장이 임명한 승무원은 방폭 Jacket을 착용하고 폭발물을 폭발을 피해 최소 구역으로 옮긴 후 그 위에 방폭담요로 덮어씌운다.

폭발물 피해 최소구역

기종	방폭Mat/방탄조끼	비상벨	폭발물 피해 최소구역
B747	A Zone coat room	L1, L5, R5, U1, 전체 갤리	R5 Door
B777-200	2H좌석 하단	L1, R4, 전체 갤리	R4 Door
A330-300	2H좌석 하단	L1, R4, 전체 갤리	R4 Door
A300-600	10H/32H좌석 하단	L1, R4, 전체 갤리	R4 Door

3. 조종실 Door 관련

최근 항공기를 이용한 테러현상이 발생함에 따라 조종실은 객실과 차단되고 조종실 출입이 엄격히 통제, 관리되는 사항이 기내보안의 중요한 업무가 되고 있다.

조종실 Door 보안 유지를 위한 내용은 다음과 같다.

- 조종석 내부에서 출입문 근처를 볼 수 있는 조망경 설치 : 일부 항공사는 조종석에서 객실 상황을 볼 수 있도록 하는 시스템이 설치되어 있다.
- 조종실 출입자의 제한 : 객실승무원은 사전에 조종실과 인터폰으로 통화한 후 출입이 가능하다.
- 출입문 보호장비 : 출입문에 설치된 Pad Lock 장치로 외부 출입자가 쉽게 접근할 수 없도록 코드화되거나 지문인식 시스템이 갖춰져 있다.

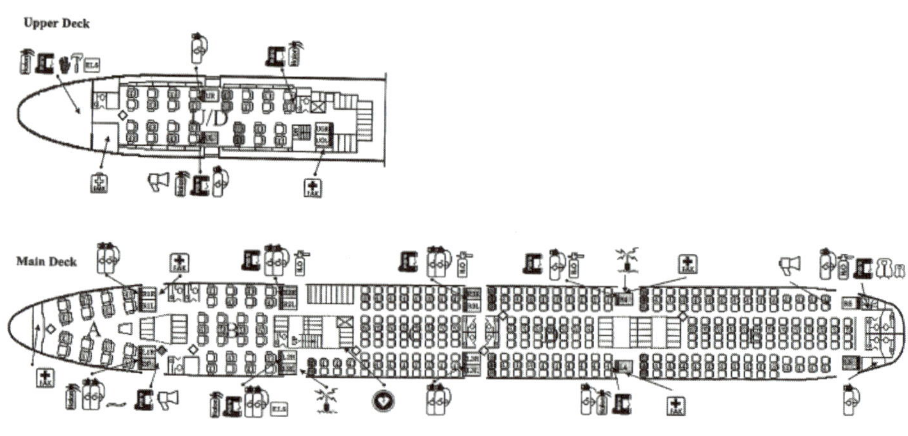

항공기 비상장비 장착위치(예 : B747-400)

PART 06 비상사태

제1절 비상상태의 유형
제2절 객실감압
제3절 기내화재

제6장
비상사태

제1절 비상사태의 유형

1. 비상사태의 정의와 원인

1) 비상사태의 정의

비상사태란 항공기가 기상, 기재 등의 원인에 의하여 즉시 조치하지 않으면 승객의 안전 및 항공기 운항을 위험한 상태로 빠뜨리게 되는 각종 불의의 돌발적 비상사태 등으로 더 이상의 운항이 불가능하다고 판단되는 경우를 말한다.

객실승무원은 이러한 사태가 발생했을 때 평소의 안전교육과 훈련을 바탕으로 승객과 승무원의 안전을 최우선으로 하여 적절히 대처하고 사태를 처리해야 한다.

항공기 비상사태 발생시 긴급하게 비상착륙(Emergency Landing) 혹은 비상착수(Ditching)의 비상탈출을 시도하게 된다.

2) 비상사태 발생의 원인

항공기의 비상사태를 유발하는 원인은 다음과 같다.

- 항공승무원의 오판이나 기기조작 및 기타 인적 요인(경험 및 능력부족, 주의력 저하, 무의식적 습관행동, 규정 및 절차 무시, 지나친 자신감, 대처의 지연, 정신적 불안정 및 당황)

- 중대한 기체 결함의 엔진관련 문제 및 고장으로 인한 기계적 요인
- 기상관련 Turbulence
- 객실 내의 연기 및 화재, 감압사태 등에 의한 환경적 요인
- Hijacking, 폭탄 위협 등

2. 비상사태 발생시 일반적인 상황과 대처

1) 객실 상황

- 승객의 동요 : 비상사태 발생은 승객에게 불안감을 야기하므로, 혼란과 동요가 발생하게 되며 이는 곧 승무원의 비상사태 처리 및 대처에 지장을 초래하는 요인이 된다.
- 암흑상태의 객실 : 항공기 전원공급의 중단으로 객실이 캄캄해진다.
- 커뮤니케이션의 두절 : 인터폰 및 PA 시스템의 작동이 불가능하게 되므로 승무원 간 상호 연락이 두절되며, 승객통제에 어려움이 생긴다.
- 유독가스 발생 : 기내화재가 발생하는 경우 유독가스로 인해 승객의 생명에 치명적인 위협요인이 되며, 객실 내 혼란이 가중된다.
- 기타 : 화재 등으로 갑작스럽게 기내에서 한 공간으로 승객이 몰리는 현상이 발생한다. 이는 항공기 Weight & Balance의 불균형으로 항공기 Control에 문제가 발생하게 되며, 비상착륙을 하는 경우 항공기의 파손으로 Door Open이나 Slide를 사용할 수 없는 경우가 발생한다.

2) 승무원의 대처요령

- 승객의 생명과 안전을 최우선으로 해야 하는 승무원의 책임을 인식하고 돌발사태에 우선 침착하게 대응해야 한다.
- 비상사태, 비상탈출은 상황에 따라 다르므로 발생할 상황에 따른 대처방안을 강구할 판단력이 필요하다.
- 승객의 동요는 비상사태를 해결하는 데 있어서 장애요소가 되므로 초기단계에서 승객

을 장악, 통제해야 한다.

- 비상사태시 승무원 지휘계통의 명령에 따르며, 지휘계통에 따라 보고하는 것이 원칙이다. 단, 화재의 초기단계나 즉각적인 조치가 요구되는 사안인 경우 선조치, 후보고할 수 있다.

NOTES :

제2절 객실감압(Decompression)

1. 객실감압의 정의

항공기가 정상적으로 운항할 때 비행고도는 35,000ft에 이르고, 객실고도는 약 7,000ft를 유지하게 된다. 즉, 실제 비행하는 35,000ft 상공에서는 별도의 생존장비가 필요하게 되나 항공기 내는 여압장치에 의해 마치 7,000ft 상공에 있는 것과 같은 환경이 조성된다. 그러나 비행 중 기체의 결함, 손상이나 여압장치 등의 고장으로 객실 내의 압력이 빠져나가 기압이 낮아지면서 객실이 적정기압을 유지하지 못하고 실제 비행하는 고도에 가까워지게 되면 객실 내 산소가 희박해지는 감압현상이 발생하게 된다.

이와 같은 감압현상이 발생하여 객실고도 14,000ft 이상이 되면 승객 좌석 위 선반에서 산소마스크가 자동으로 낙하하게 된다(이때 운항승무원은 10,000ft까지 하강하며 객실 비행안전 고도는 7,000~8,000ft에 이르게 된다).

2. 감압의 종류와 현상

감압현상 발생 과정의 시간, 현상의 차이에 따라 다음과 같이 구분할 수 있다.

1) 완만한 감압

- 비행 중 기내 압력이 서서히 빠져 나가는 현상
- Door나 Window 주위의 이음새 등에서 기압이 빠져 나가거나 기내 여압장치의 고장으로 발생하기도 한다.
- 귀가 멍멍해지며 '휘-익' 소리가 나고 통증을 느낀다.

2) 급격한 감압

- 비행 중 기내압력이 빠른 시간 내에 빠져 나가는 현상
- 비행 중 여압장치의 고장, 항공기의 외벽손상, 폭발물의 폭발 등으로 발생
- 심각한 경우에는 폭발적인 감압형태로 나타날 수 있다.
- 굉음이 들리고 객실 내에 안개현상(객실온도가 강하하며 습도의 변화가 생기기 때문)
- 객실 내에 먼지가 일어나고 파편조각이 날아다닌다.
- 객실 내부에 차가운 바람이 유입되며 객실온도가 하강하면서 귀와 가슴의 통증이 유발된다.

3. 감압발생시 조치

1) 객실현상

- 필요한 산소공급을 위해 산소마스크가 승객 좌석 선반에서 Drop된다.
- 자동 감압방송(Pre-Recording Ann)이 작동된다.
- No Smoking Sign 및 Fasten Seat Belt Sign이 On된다.
- 객실조명이 Full Bright로 조절된다.

2) 감압발생시 조치

감압현상이 발생하게 되면 운항승무원은 산소마스크를 착용하고, 항공기를 신속하게 안전고도 10,000ft까지 하강시킨다. 또한 Fasten Seat Belt Sign과 No Smoking Sign이 켜져 있는지를 확인한다.

객실승무원은 다음과 같은 조치를 취한다.

- 가장 가까운 빈 좌석에 신속히 착석하여 산소마스크를 즉시 착용하고 몸을 고정한다. 벙커에 있을 때는 탈출하지 않고 산소마스크를 쓰고 대기한다.
- 산소마스크를 착용한 후 승객을 향해 마스크를 쓰도록 Shouting한다.

> **산소마스크를 쓰세요!**
> Put on the mask!
>
> **벨트 매세요!**
> Fasten your seat belt!

- 승객의 산소마스크 착용상태를 확인하고, 특히 어린이, 노약자 등의 산소마스크 착용을 돕는다.
- 산소마스크가 자동으로 내려오지 않을 경우, 승무원 좌석 하단에 있는 Manual Release Handle(수동열림기구)을 이용하여 산소마스크 보관 패널의 작은 구멍에 넣어 열도록 한다.

산소공급은 B747기종의 경우 탱크식, 그 외 B777, B737, A330 등은 화학반응식 산소공급 시스템이다. 탱크식은 산소마스크가 내려오면 그대로 착용하면 되나, 화학식의 경우 승객이 직접 산소마스크를 당겨야 산소가 발생, 공급되게 된다.

3) 안전고도 강하 후의 객실점검

운항승무원으로부터 항공기가 안정되고, 객실 내에서 움직여도 좋다는 연락이 오면 다음과 같이 객실 전체와 승객 상황을 점검한다.

- 객실 담당구역을 순회하며 승객들을 심리적으로 안심시킨다.
- 객실 및 화장실을 점검한다.
- 동체의 파손이나 균열이 있는 곳에 가까이 위치한 승객에게는 좌석을 재배치한다.
- 부상승객의 여부를 확인하고 응급조치를 한다.
- 기내화재나 기타 위험요소가 있는지 확인한다.
- 감압현상이 종료된 후 승객들이 사용했던 좌석 위 선반에서 내려온 산소마스크는 원위치시키려 하지 말고 좌석 앞주머니 속에 넣는다.

4. 감압현상 이후 후유증

1) 감압증(Decompression Sickness)

급작스러운 여압의 감소로 체내의 Gas가 변하면서 신진대사가 원활하지 못해 발생하는 현상으로 다음과 같은 증상이 나타난다.

- 관절부위 및 가슴 통증, 두통
- 피부발진, 발열, 발한 증세
- 시야가 흐리고 움직임이 둔해진다.

감압증이 나타나는 경우 다음과 같이 응급처치한다.

- 안정을 취한다.
- 영향을 받는 부위를 움직이지 않도록 한다.
- 운동을 피한다.
- Shock에 대한 응급처치를 한다.

2) 저산소증(Hypoxia)

인체의 생리기능을 저하시킬 만큼 혈액이나 세포 및 조직에 산소량이 부족한 상태로서 감압현상시 흔히 일어나는 현상이다.

산소부족의 정도와 노출된 시간의 길이, 개인의 신체적 상태에 따라 다르게 나타나며 서서히 진행된다. 다음과 같은 증상이 나타난다.

- 호흡이 빨라진다.
- 두통과 어지러움을 호소한다.
- 피로, 불안, 초조함 등 주의력 장애가 생긴다.
- 시력이 저하된다.
- 신체적 균형감각을 상실한다.
- 입술, 귀, 뺨 및 손톱 뿌리의 근처가 푸른색으로 변색된다.
- 시간이 지나면 의식을 잃는다.

저산소증인 경우, Portable O_2 Bottle을 이용하여 산소를 제공하고 승객을 안정시킨다.

의식가능시간(TUC : Time of Useful Consciousness)_

감압현상으로 신체에 산소가 부족하게 되어 정상적인 활동을 할 수 없게 되기까지 일반적으로 소요되는 시간을 유효의식시간이라고 한다.

감압시 의식가능시간은 일반적으로 18초 미만으로 떨어지지 않는데, 그 이유는 산소가 결핍된 혈액이 허파에서 뇌까지 가서 기능을 압박시키는 데 필요한 최소시간이기 때문이다.

의식가능시간에 가장 크게 영향을 미치는 요소는 고도이며, 고도별 의식가능시간은 다음과 같다.

항공기 고도	의식가능시간	
	급격한 감압시	완만한 감압시
15,000ft	15~20분	30분
25,000ft	2분 30초	5분
30,000ft	30초~1분	1~2분
40,000ft 이상	18초	18초

콴타스 여객기 8,840m 상공에서 기내 산소통 폭발로 인한 감압현상_

2008년 7월 25일 런던발 멜버른행 콴타스 여객기가 중간 기착지인 홍콩을 이륙한 후 기내 산소통 폭발로 동체에 지름 3m의 구멍이 뚫리면서 급강하한 후 마닐라공항에 비상 착륙, 가까스로 대형 참사 위기를 모면했다.

사고기인 보잉 747-400기는 이날 승객 346명과 승무원 19명 등 365명을 태우고 홍콩을 이륙한 지 1시간 정도 지나 마닐라에서 2백 해리 정도 떨어진 곳을 비행하고 있을 때 큰 폭발음과 함께 오른쪽 날개 근처 부위가 파열되면서 파편들이 객실 바닥을 뚫고 흩날리며 기내 압력이 급감, 산소마스크가 일제히 내려오며 비상사태가 발생했다.

이에 순항고도 2만 9천 피트(8,840m) 상공을 날고 있던 여객기 조종사는 비행기를 급강하시켜 불과 5분 30초 사이에 고도를 산소마스크 없이 호흡이 가능한 1만 피트(3,050m)로 1만 9천 피트(약 6,000m)나 낮추면서 기내는 공포의 도가니로 변했다.

당시 승객 중에는 만약의 경우 신원 확인이 용이하도록 여권을 호주머니에 넣는가 하면, 엄마들이 어린 자녀들에게 황급히 산소마스크를 씌우는 동안 아이들이 창백해지는 등 긴박한 위기상황이 펼쳐진 것으로 전해졌다. 산소마스크는 10개 정도가 아예 내려오지 않거나 제대로 작동되지 않아 승객들에게 공포감을 더해 주었다.

어떤 남자승객은 마스크가 내려오지 않자 겁에 질려 천장 패널을 부수고 끄집어냈는가 하면, 어떤 여자 승객은 다른 두 사람과 같이 사용하기도 했으며 어린이들은 산소부족으로 파래지며 비명을 지르거나 두 팔을 내두르기도 했다.

다음날 멜버른에 무사히 도착한 승객들은 무사히 비행기를 착륙시킨 조종사와 침착하게 승객들을 진정시킨 승무원들에게 찬사를 보냈다.

콴타스항공사에서 23년간 근속하는 등 경력 30여 년의 해군 출신 베테랑 조종사인 사고기 기장 존 바텔스 씨(53)는 무사 귀환하면서 발표한 성명을 통해 위기상황이 발생하자 거의 반사적으로 비상조치를 취했다고 밝혔다.

바텔스 기장은 "감압현상이 발생하자마자 즉각 기억 속의 체크 리스트를 끄집어냈다. 조종실에는 3명이 있었고 모두 협력하여 비행기 고도를 안전하게 낮추기 위해 우리가 해야 할 일을 하는 데 집중했다"고 말했다.

그는 "콴타스항공의 모든 기장들이 같은 상황에서 같은 결과를 가져왔을 것이라는 데에 의심의 여지가 없다. 비상상황 내내 기내 승무원들도 승객들을 돌보는 일을 훌륭히 해냈다"고 덧붙였다.

사고기는 산소통 폭발로 동체가 파열되면서 계기착륙장치가 못 쓰게 돼 마닐라공항에 비상착륙할 당시 바텔스 기장은 시계비행으로 접근하여 수동으로 착륙한 것으로 알려졌다.

마닐라공항에서 사고원인을 조사 중인 호주교통안전국 대변인 줄리안 월시 씨는 7월 30일 기자회견에서 사고기의 마닐라공항 도착 당시 3개의 계기착륙장치와 미끄럼방지장치가 사용할 수 없는 상태였다는 사실을 확인했다.

월시 씨는 마닐라공항 접근은 시계비행으로 이루어졌다. 하지만 시계에 문제가 있었을 경우에는 다른 항법장치를 이용할 수도 있는 상황이었다고 말했다.

조사관들은 또 산소통이 폭발하면서 한 파편(밸브)이 객실 바닥을 뚫고 들어와 비상구 핸들에 세게 부딪치며 핸들을 조금 움직여 놓았으나 전혀 위험한 상황은 아니었다고 밝혔다.

기내 화물칸 부근에서 사라진 문제의 산소통은 예비용으로 스쿠버 다이버의 산소통만한 크기이며 보잉사 제품이 아니고 전문회사가 특수 제작한 것으로 전해졌다.

그동안 조사에서 밸브가 회수되었으나 산소통 자체는 흔적이 전혀 발견되지 않고 있는데 조사관 네빌 블리스 씨는 이와 관련, 산소통이 폭발하면서 동체 밖으로 흩어졌을 것으로 추정했다. 콴타스항공은 자사의 모든 747-400기에 탑재된 산소통을 전면적으로 검사하도록 명령했다.

〈자료 참고〉 http://en.wikipedia.org/wiki/Qantas_Flight_30
http://www.airportsign.com/news/quantas-melbourne-flight-oxygen

제3절 기내화재

기내에서 발생 가능한 화재는 화장실의 쓰레기통에 버린 담배꽁초에 의한 화재, 갤리의 오븐이나 Hot Cup 등의 과열에 의한 화재, 기타 Control Panel 등의 전기 계통에서 발생하는 화재 등이 있다.

객실에 연기나 화재가 발생하는 경우에 다음과 같은 조치를 취한다.

- 비행 중 화재발생시 조종사는 기압차가 없는 높이(고도 10,000ft)로 급강하를 하고 승무원은 기본적인 화재유형별 진압 절차에 의거하여 화재를 진압하도록 한다.
- 지상에서 화재가 발생했을 때는 폭발의 위험이 있으므로, 신속히 기내에서 탈출한 뒤 최대한 항공기에서 멀리(최소 300m) 떨어져 있어야 한다.

1. 연기 및 화재에 대한 일반 지침

1) 비행 중의 조치

- 연기나 화재발생시 다른 승무원에게 도움을 청해 신속히 운항승무원에게 알린다. 이때 정확한 화재발생 위치, 연기의 특성(농도, 모양), 색깔, 냄새, 승객의 반응 등에 관한 정보를 운항 승무원에게 알린다.
- 필요시 PBE를 착용하거나, 석면장갑을 착용한다.
- 연기 및 화재의 진원지를 객실, 갤리, 화장실 등을 중심으로 찾는다.
- 전기 계통의 화재는 전원을 차단한다.
- 연기 진원지 주변의 PO_2 Bottle은 치운다.
- 일단 화재가 발생하면 연기를 동반한 유독가스가 발생되므로, 승객을 진정시키고 화재나 연기로부터 대피시켜 피해를 최소화하도록 한다. 유독가스가 기내에 찼을 때(연기가 많을 경우) 승객을 Armrest 높이로 낮게 숙이도록 한다. 젖은 타월이나 옷, 담요 등을 적셔 코와 입을 막도록 하고, 필요시 젖은 Towel을 승객에게 나누어 준다.

- 화재종류에 맞는 소화기를 선택하여, 화재의 근원을 진압한다.
- 일반 화재진압 후에는 H_2O소화기로 불씨를 완전히 제거하도록 한다.
- 화재가 발생한 곳은 지속적인 관찰로 재발 방지에 힘쓴다.

2) 지상에서의 조치

- 우선적으로 연기 및 화재에 대응하여 행해야 할 조치는 비행 중 조치의 순서와 동일하다.
- 기장으로부터 응답이 없고, 화재가 위험한 상태로 확대될 경우 기체 외부상황을 판단한 후 Door Slide Mode의 팽창위치를 확인하고, 신속히 탈출을 시도한다.
- 탈출 후 항공기의 화염이나 폭발물로부터 충분히 안전한 지점으로 대피한다.

2. 객실 설비에 대한 화재 진압

1) 갤리 화재

- 갤리 내에서의 화재는 대부분 오븐 내부에서 발생하며 그 외 Water Boiler의 전기 과열, 갤리 내 쓰레기통 내부에서 발생하는 경우이다.
- 오븐 내부에서 화재가 발생한 경우는, 먼저 오븐을 닫아 산소공급을 차단한다.
- 갤리의 전원을 차단하기 위해 해당 오븐의 전원을 차단하는 장치인 Circuit Breaker를 잡아당겨 뽑는다. B747-400, B777 등 일부 기종의 경우, Master Power Shut Off Switch로 전원을 차단한다.
- 연기가 많이 발생하는 경우 PBE를 착용하고, Halon 소화기로 직접 분사하여 진압한다.
- 그 외 Water Boiler의 전기 과열로 인한 화재예방을 위해 Pre-Flight Check시 뜨거운 물을 사용하기 전 Water boiler에서 물을 약간 빼두는 Air Bleeding을 실시한다.

Air Bleeding

Water Boiler 작동시 Hot & Cold Faucet으로부터 정상적이고 기포가 없는 연속적인 물이 나올 때까지 충분히 물을 빼주는 것을 말하며, 갤리 점검 때 반드시 Air Bleeding을 실시한 후 전원을 켠다. Air Bleeding이 충분치 않은 상태에서 Water Boiler를 사용할 경우 과열에 의한 화재 발생의 원인이 된다.

2) 화장실 화재

- 우선 화장실 문에 손등을 살짝 대 보아 열을 감지한다.
- 문이 뜨거울 경우, 천천히 문을 조금 열고 화재 정도 및 화재의 근원을 파악한다.
- 다시 문을 닫아둔 상태에서 필요한 화재장비를 준비한다.
- 화장실 쓰레기통에서 발생한 경우, 내부를 Halon 소화기로 직접 분사한 후, H_2O소화기로 완전히 소화한다.
- 화재발생 이후 진압 진행과정과 화재진압 종료 후 기장에게 통보하고 화장실은 폐쇄한다.

NOTES:

오키나와 나하공항 착륙 중 여객기 화재_

20일 타이베이 발 중화항공 보잉737 항공기가 일본 오키나와 나하공항 착륙 이후 연료누출에 따른 것으로 보이는 화재가 발생했다. 이날 타이완에서 나하공항에 도착한 후 화염을 일으키며 폭발했으나 기내에 탑승하고 있던 165명 전원이 무사히 탈출했다. 보도에 따르면 승객 157명과 승무원 8명 전원이 안전하게 대피한 뒤 이 같은 화재가 발생했다는 것이다. 활주로에 멈추는 순간 화재가 발생하였고, 1분 남짓한 시간에 모두 무사히 탈출할 수 있었던 요인 중 한 가지는 탈출통로에 장애물이 없었기 때문인 것으로 밝혀졌다.

일반적으로 기내에서 화재가 발생하면 20분 이내에 불을 끄지 않으면 인명사고가 난다. 그래서 바다 위를 날 때 기내에서 화재가 발생하면 불시착해야 한다고 한다. 이는 비상탈출구수도 수이거니와 가장 중요한 것은 긴급탈출을 위한 경로의 확보라는 점을 증명한 사례이다.

〈연합뉴스, 2007.8.20〉

항공기 내에서 화재가 났을 때 가장 빨리 탈출할 수 있는 자리는?_

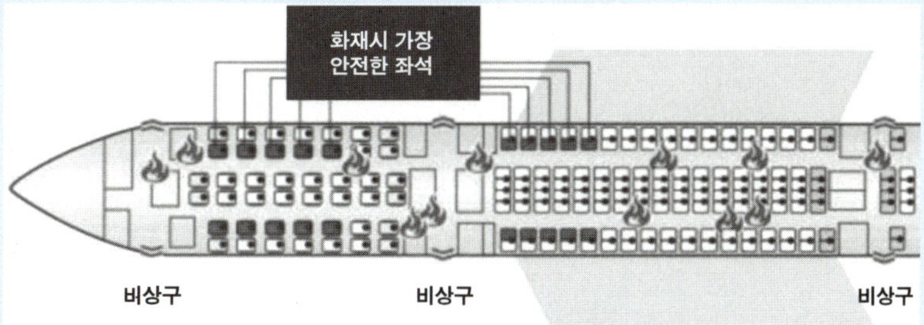

영국 민간항공국(CAA)이 그리니치대학에 위탁해 105차례의 비행기 사고에서 탈출에 성공한 약 2,000명의 증언을 조사한 결과다. 비상구에서 앞뒤로 다섯 번째 열 안에 앉은 승객일수록 탈출할 가능성이 높았다. 복도 쪽 좌석 생존율은 64%로 창쪽의 58%에 비해 높았다. 기내 앞쪽 승객들은 화재 발생시 탈출할 확률이 65%인 반면 뒤쪽은 53%에 그쳤다. 출구에서 멀리 떨어져 있을수록 유독성 가스로 숨질 가능성이 컸다.

승객들은 훈련 때에는 승무원 지시에 따라 혼란하지 않은 출구 쪽으로 이동했다. 그러나 실제 비상상황이 발생하면 승무원 요구를 무시하고 가장 가까운 출구로 달려가는 것으로 나타났다.

영국 일간 더타임스에 따르면 동료와 여행 중인 탑승객은 긴급상황 때 바로 출구로 향했다. 그러나 가족, 친구와 함께 탄 경우엔 이들을 돕기 위해 탈출을 늦춘 것으로 나타났다.

〈서울신문, 2008.6.27〉

PART 07 비상탈출

제1절 비상탈출의 유형
제2절 비상탈출의 준비 및 절차
제3절 비상탈출 후 생존지침

제7장 비상탈출

제1절 비상탈출의 유형

1. 비상착륙과 비상착수

비행 중 항공기 기체의 중대한 결함이나 돌발적인 비상사태가 발생한 경우, 더 이상 운항하지 못하고 기장의 판단하에 비상탈출을 시도하게 된다. 육상에 긴급히 착륙하는 것을 비상착륙(Emergency Landing)이라 하고, 바다, 강, 호수 등에 긴급 착륙하는 것을 비상착수(Ditching)라고 한다.

2. 준비상황에 따른 구분

비상사태 발생에 따른 비상착륙에는 준비된(anticipated) 비상착륙과 준비되지 않은(unanticipated) 비상착륙이 있으며, 승무원은 각 상황에 따라 대처요령을 숙지해야 한다. 준비된(anticipated) 비상착륙인 경우는 항공기, 승무원, 승객 및 공항까지도 모든 비상사태에 대비하여 사전준비를 수행할 시간적 여유가 있는 경우로, 특히 승객에게 비상사태에 대한 정보 전달이 가능하다. 그러나 준비되어 있지 않는 경우는 비상사태에 대한 사전예고가 거의 없거나 전혀 없는 경우로, 비상탈출에 대한 대비가 전혀 없는 상태를 말한다. 이는 주로 항공기 이착륙시에 발생한다.

본 장에서는 비상사태에 대비할 시간적 여유가 있는 준비된 비상착륙인 경우를 중심으로 탈출절차를 알아보도록 한다.

제2절 비상탈출의 준비 및 절차

1. 운항승무원 브리핑

기내에 비상사태가 발생하면 객실승무원과 운항승무원 상호 간에 원활한 커뮤니케이션 및 협조가 우선적으로 이루어져야 한다. 객실승무원이 비상사태의 유형, 잔여시간 등 사태의 상황을 정확히 파악하지 못하면 승객을 통제하거나 비상착륙 및 비상착수에 따르는 사전 준비를 할 수 없게 된다. 그러므로 비상사태 발생시 객실 사무장은 기장과의 브리핑을 통해 비상상황 대처에 대한 의사소통 및 협의를 하고, 기장으로부터 다음의 사항을 정확히 파악하도록 한다.

- 사고원인 및 비상사태의 유형(비상착륙/착수, 항공기문제, 기상조건 등)
- 비상탈출 준비가 가능한 시간 및 잔여시간
- 충격방지자세 신호방법 및 신호자
- 비상탈출 신호방법 및 탈출 신호자

2. 객실승무원 브리핑

- 객실 사무장은 기장과의 브리핑 내용을 전체 객실승무원에게 전달하고, 비상착륙에 필요한 준비사항을 브리핑한다.
- 객실승무원 각자에 대한 임무를 부여하고 비상사태 유형 및 잔여시간을 고려하여 객실 내에서의 준비 절차를 수립하도록 한다. 이를 통해 객실승무원이 승객을 효과적으로 통제하고 철저한 사전준비를 할 수 있다.

객실승무원의 브리핑 내용은 다음과 같다.

- 신속한 탈출준비를 위한 승무원 간의 상호 협의
- 임무분담 및 담당탈출구 지정

- 승객에게 상황에 대한 정보전달시 행동요령 및 Demo 내용
- 협조자 선정 및 협조사항
- 탑승객 파악(인원수, 좌석위치, 특수승객 등) 및 승객 좌석 재배치
- 비상구 작동, 탈출지휘 방법 및 탈출 후 행동요령

3. 승객 브리핑

- 비상사태시는 승객들의 동요를 막고 승무원의 지시에 침착하게 따르도록 함으로써 피해를 최소화할 수 있다.
- 준비시간이 충분히 예고된 비상탈출일 경우, 승무원은 우선 승객을 진정시키고 객실을 통제해야 한다.
- 승객을 대상으로 충격방지자세와 비상구, 탈출요령 등에 대해 PA를 통해 안내방송을 하거나, 담당구역별로 승무원이 분담하여 전체 승객에게 소그룹으로 나누어 설명한다.
- 이때 모든 객실조명은 Full Bright로 한다.

승객에게 전달해야 할 내용은 다음과 같다.

- 승객의 주의를 집중시킨다.
- 모든 승객이 좌석벨트를 착용하도록 한다.
- 승객 좌석주변 점검 및 승객 휴대수하물을 정리, 보관한다.
- 승객 좌석 등받이, Tray Table, 개인용 모니터 등을 원위치하도록 한다.
- 충격방지자세를 시범으로 보이고, 이와 관련한 주의사항을 설명한다.
- 승객에게 비상탈출구의 위치를 확인시킨다(대체 비상구도 확인).
- 승객에게 Demo를 실시하고 Safety Information Card의 내용을 숙지하도록 한다. 비상탈출시 도움이 필요한 승객(장애인, UM, 노약자 등)에게는 Safety Demo의 내용을 개별적으로 브리핑한다.
- 승객의 금연준수를 강조한다.

- 부상방지 및 탈출시 슬라이드 손상방지를 위해 날카로운 물건을 제거하도록 하고, 옷은 몸에 끼지 않도록 느슨하게 입도록 한다.
- (비상착수시) 승객들로 하여금 신발을 벗어 선반에 넣고 구명복을 착용하도록 한다. 단, 충격방지자세 동작과 탈출할 때의 방해 및 탈출시 구명복이 파손될 우려가 있으므로 구명복은 기내에서 부풀리지 않도록 한다.

4. 협조자 선정 및 좌석 재배치

1) 협조자 선정 및 임무 부여

- 비상사태 발생시 무엇보다 짧은 시간에 많은 승객을 안전하게 탈출시키는 데 어려움이 따르게 된다. 그러므로 객실 해당구역 승객들 중에서 협조자를 선정하고, 이들로 하여금 Door의 개방, 지체부자유자의 탈출협조, 승객통제 등을 하도록 함으로써 단시간 내에 신속한 탈출을 도모할 수 있다.
- 협조자는 승객 중 항공사 직원, 경찰, 소방관, 군인 등을 우선적으로 선정한다.
- 협조자 선정 후, 우선 비상탈출구에 배치할 협조자를 선정하고 임무를 부여한다. 협조자 3명을 선정하여, 1명은 승무원을 협조하도록 하고, 2명은 먼저 탈출하여 Slide 하단에 대기시켜 탈출하는 승객을 협조하도록 한다.
- 또한, 노약자, 장애자 등 도움이 필요한 승객들을 위한 협조자를 선정하고 임무를 부여한다.

2) 좌석 재배치

- 탈출을 용이하게 하기 위하여 협조자의 좌석을 주어진 임무에 맞게 담당 탈출구 주변에 재배치한다. 즉, 임무에 따라 비상구 주변, 지체부자유자 옆으로 좌석을 지정해 주고 이들에게 탈출구 개방 또는 개방협조, 지체부자유자의 탈출협조 등을 지시한다.

5. 객실 및 갤리 안전조치

항공기가 접지하는 순간, 기체는 엄청난 충격과 심한 요동이 있게 된다. 따라서 각종 유동물을 완벽하게 고정시키지 않을 경우, 이러한 유동물이 신속한 탈출에 장해요인이 된다. 또한 승객의 신체에 심각한 상해는 물론 생명에 위협을 가할 우려가 있으므로 사전에 방지해야 한다.

그러므로 비상탈출에 대비한 준비시간이 매우 부족한 경우는 객실 및 Galley 시설물 고정을 우선 먼저 점검해야 한다.

① 객실을 점검 및 안전조치

- Overhead Bin 닫힘 상태
- 승객 휴대수하물의 안전한 보관
- 승객의 좌석벨트 착용상태 확인
- 좌석 등받이, Tray Table, 개인용 모니터 등의 원위치 상태

② 갤리 점검 및 안전조치

- 갤리 내 각종 기물을 Compartment에 보관
- Cart, Carry-on Box, Coffee Pot 등 유동물건 고정(Locking & Latching)

6. 최종점검

- 객실조명을 조절한다(객실을 항공기 외부보다 어둡게).
- 기장에게 객실준비상태 완료상황을 보고한다.
- 각 승무원들은 비상탈출시 임무를 재숙지한다.
- 지정된 승무원 좌석에 착석하고 좌석벨트와 Shoulder Harness를 착용한다.
- 준비된 비상사태시 객실준비점검을 모두 마치고 Jump Seat 착석 전 Emergency Light를 On시킨다(준비되지 않은 비상사태 때는 탈출직전 On시킨다).

7. 충격방지자세 실시

- 비상착륙(착수)시 항공기가 접지하면서 기체는 심한 충격을 받게 되며, 이때 승객의 머리와 목 등은 벨트를 착용하고 있는 상태에서도 심한 손상을 입을 우려가 있다.
- 충격방지자세(Brace for Impact)는 이와 같이 충격이 큰 사고가 발생하는 경우 신체에 미치는 위험을 감소시켜 강한 충격으로부터 생명을 보호하는 가장 효과적인 방법이다.
- 충격방지자세는 항공기가 완전히 정지할 때까지 유지한다.
- 준비된 비상착륙인 경우 통상 착륙 1분 전에 기장이 Fasten Seat Belt Sign을 4회 울리거나 객실 사무장 지시가 있을 때 충격방지자세를 취한다.
- 승무원들은 승객들이 충격방지자세를 취하도록 다음과 같이 Shouting을 2~3회 실시한다.

명령어의 특징

비상탈출시 승무원은 승객에게 긴급하게 대피를 지시해야 하는 상황이므로 Shouting은 명료하고 이해하기 쉬운 표현을 쓰며 경어를 사용하지 않는다.

- 지속적으로 명령한다.
- 긍정적으로 : 'Don't'와 같은 표현은 바람직하지 않다
- 간결하게 : 들어서 이해하기 쉽게
- 자극적으로 : 신속히 움직일 수 있도록
- 굵고 우렁차게 : 알아듣기 쉽게

준비된 비상탈출시

충격방지자세!

Brace!

준비되지 않은 비상탈출시

시간적인 여유가 없어 충격방지자세를 설명하지 못한 경우, 객실승무원은 비상상황이라는 것을 인지한 후(첫 번째 충격을 받는 즉시) 다음과 같이 Shouting하며 승객을 탈출시킨다.

발목 잡아! 머리 숙여! 자세 낮춰!

Grap ankels! Heads down! Stay low!

충격 방지자세_ 충격 방지자세는 기본적으로 양손으로 머리를 감싸고 상체를 숙여 앞 좌석 등받이에 기대는 자세이다. 어린아이의 충격방지사세는 좌석벨트가 몸에 맞도록 등 쪽에 쿠션을 넣어 벨트를 단단히 조이고 다리 사이로 머리를 넣게 하고 옆좌석의 어른이 머리를 손으로 숙이게 한다.

1
- Bulkhead Seat

2
- 양팔을 엇갈리게 하여 앞좌석 등받이 상단을 잡는다.
- 엇갈린 양팔 위에 이마를 대고 머리를 팔 밑으로 숙인다.
- 양발을 어깨넓이로 벌려 약간 앞으로 내밀어 발바닥을 힘껏 밀착시킨다.

3
- 유아를 안은 승객
- 보호자만 좌석벨트를 매고 유아를 마주한 채로 감싸 안고 머리를 숙인다.

4
- 상체를 숙이고 양팔로 발목을 잡는다.

5
- 발목을 잡기 힘든 승객은 발목 대신 양팔을 다리 밑으로 끼어 감싼다.
- 머리를 최대한 양발의 사이로 깊숙이 넣는다.
- 양발을 어깨넓이로 벌려 약간 앞으로 내밀어 발바닥을 힘껏 밀착시킨다.

6
- 전향 승무원
- Safety Belt 및 Shoulder Harness 착용
- 턱이 가슴에 닿도록 머리를 숙이고 양손으로 좌석을 잡는다.

7
- 후향 승무원
- Safety Belt 및 Shoulder Harness 착용
- 머리와 등을 등받이에 밀착시키고 양손으로 좌석을 잡는다.

〈출처 : Transport Canada〉

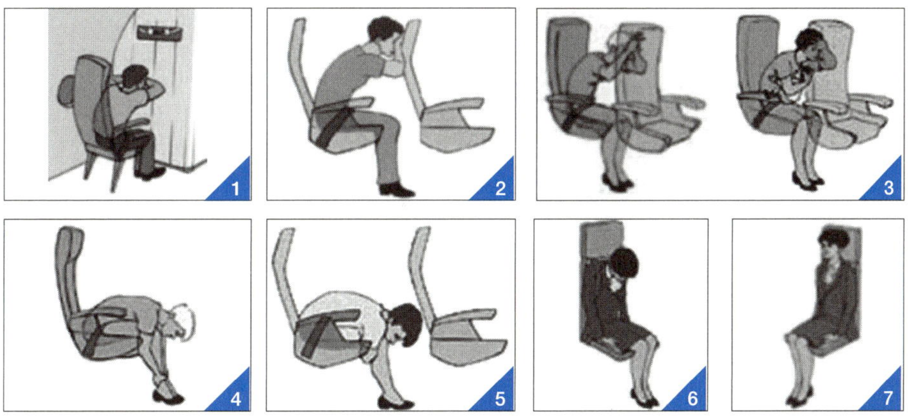

8. 탈출결정을 위한 상황판단

1) 준비된 비상사태인 경우

기장의 탈출지시 방송 또는 탈출 신호음(Evacuation Signal)을 듣는 즉시 탈출을 시작한다. 만일 적절한 조치가 없을 경우 기장에게 비상신호(Emergency Signal)로 연락한다. 단, 조종실과 연락시도 중이라도 탈출지시방송 또는 탈출신호음(Evacuation Signal)을 듣는 즉시 탈출을 시작한다.

2) 준비되지 않은 비상탈출의 경우

객실승무원은 비상탈출 여부를 결정하기 위해 인터폰이나 조종실 Door를 직접 두들겨 보아 조종실과 연락을 시도하고 객실상황을 보고한다. 단, 조종실과 연락시도 중이라도 탈출지시방송 또는 탈출신호음(Evacuation Signal)을 듣는 즉시 탈출을 시작한다.

3) Emergency Light On

Emergency Light는 급작스런 정전이나 화재로 시야가 가려질 때 비상구를 찾기 위해 항공기 Aisle 바닥에 설치되어 있으며, 비상착륙 후 자동으로 켜진다. 일반적으로 객실사무장 Station Panel에 작동 Switch가 있다.

4) Cockpit과 연락이 되지 않을 시

다음과 같은 경우에 한해 승무원이 비상탈출을 스스로 결정할 수 있다(운항승무원이 Emergency Check List에 의한 업무수행 중 객실의 연락에 응답이 불가능한 상황).

- 항공기의 심각한 구조적 손상
- 위험한 화재나 연기 발생
- 승객들이 위험상태에 직면했을 경우

9. 승객탈출 명령

승무원은 Jump Seat에서 일어나 Flash Light를 들고 지정된 탈출구로 가서 좌석이탈 명령을 승객에게 Shouting으로 알린다. 즉, 탈출명령시 Megaphone, Flash Light 등을 사용하며 Shouting한다.

◈ 비상착륙시

벨트 풀어! 일어나! 나와! (짐버려!)

Release seat belt! Get up! Get out! (Leave everything!)

◈ 비상착수시

벨트 풀어! 구명복 입어! 일어나! 나와!

Release seat belt! Get your life vest! Get up! Get out!

10. 항공기 탈출

1) 외부상황 판단

승무원은 탈출하기 직전 항공기의 구조적 손상, 객실 화재 여부, 탈출에 이용할 비상탈출구의 사용 가능성 및 Slide의 필요성을 확인한다.

- 비상사태의 유형을 파악하여 항공기 비상착륙 후의 정지자세에 따라 이용할 수 있는 탈출구를 선정한다.
- 만일 기체 외부에 화재가 발생한 경우 반대쪽 탈출구를 이용한다.
- 비상착수시 수면 위에 위치한 탈출구를 이용하며, Slide 팽창 여부도 결정한다.

2) Door 개방

- 비행기가 멈추면 재빨리 탈출에 이용할 비상구를 개방하고 비상탈출 미끄럼대를 펴서 탈출을 돕는다. 이때, Slide Mode가 Armed 상태인가를 확인하고 Door를 Open해야 하며, Manual Inflation Handle을 잡아당겨 Slide를 팽창시킨다.

- 승무원이 한 개 이상의 탈출구를 담당하고 있을 경우, 필요시 협조자에게 외부상황을 확인하고 탈출구를 개방하도록 지시한다.
- 탈출하기에 정상적인 Door인지 다음의 사항들을 기준으로 판단할 수 있다.
  - 슬라이드의 완전한 팽창 여부
  - 안전한 각도
  - 화재발생 여부
- 만일 탈출구나 Slide/Raft의 사용이 불가능한 경우, 승객들을 다른 탈출구로 안내한다.

B747-400 항공기의 비상착수시

- No.3 Door는 Slide만 장착되어 있으므로, 비상착수시 승객들을 Slide/Raft가 장착되어 있는 Door로 유도해야 하므로, Manual로 Mode 설정 후 Open한다.
- U/D Door도 Slide만 장착되어 있기 때문에 비상착수시 사용할 수 없으므로 L1으로 탈출한다.

3) 비상구 유도 Shouting

상황을 파악하고 비상탈출구를 작동시킨 후 다음과 같이 Shouting한다.

◈ 탈출구 정상

탈출구 정상! 이쪽으로!

Good exit! Come this way!

◈ 탈출구 불량

탈출구 불량! 사용 불가! 화재 발생! 저쪽으로! 건너편으로!

Bad exit! Door jammed! Fire! Go that way! Cross over!

4) 탈출 흐름 통제 Shouting

비상착륙시, 탈출구가 정상적으로 작동되면 다음과 같이 Shouting한다.

Slide

앉아 내려가! 한 사람씩! 양팔 앞으로!

Sit and slide! One at a time! Arms straight ahead!

Slide/Raft

뛰어 내려가! 두 사람씩! 양팔 앞으로!

Jump and Slide! Two at a time! Arms straight ahead!

비상착수시, 탈출구가 정상적으로 작동되면 다음과 같이 Shouting한다.

Slide

구명복 부풀려! 물로 뛰어들어! 헤엄쳐 가서 잡아!

Inflate your life vest! Jump into the water! Swim to the slide and hold on!

Slide/Raft

구명복 부풀려! 안쪽으로! 기어서 안쪽으로! 앉아! 자세 낮춰!

Inflate your life vest! Step into the raft! Crawl to the far side! Sit down! Stay low!

승객탈출 지휘시, 승무원은 승객의 탈출을 방해하지 않는 위치에서 Assist Handle을 잡고 몸을 벽면에 붙이고 승객을 신속히 탈출시킨다.

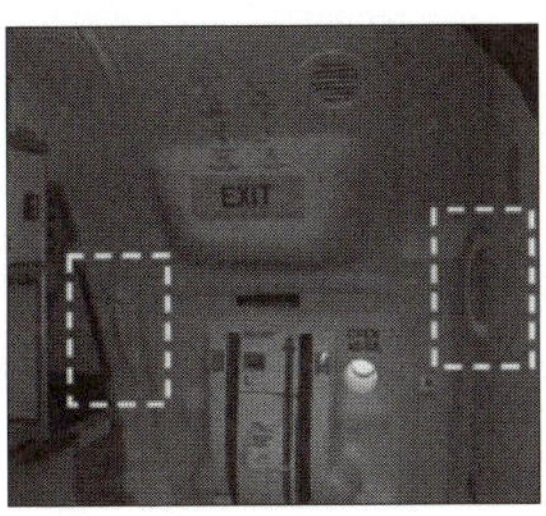

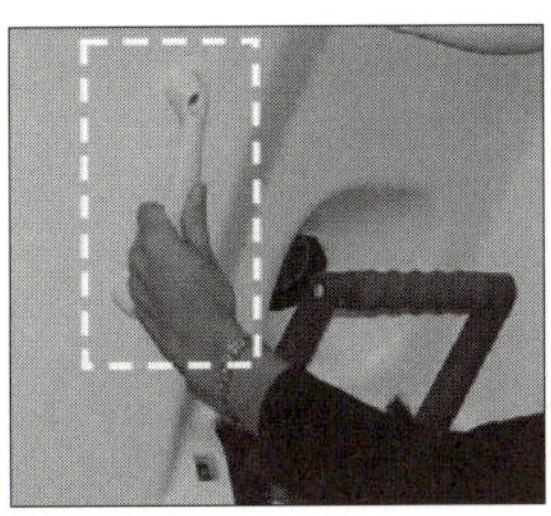

보조핸들(Assist Handles)

비상구 옆에 있는 핸들로서 Door를 열거나 닫을 때 추락 등 사고방지를 위해 부착된 손잡이

비상탈출구수_ 여객기의 비상탈출구 숫자는 기종에 따라 다르다. FAA(미국 연방항공청 : Federal Aviation Agency)가 제정하여, 전 세계의 여객기 제작사들이 적용하고 있는 FRA(연방항공규칙)라는 것이 있는데 그 기준에 보면 '90초 룰'이내라는 것이 있다. 이는 긴급시에 승객, 승무원들이 여객기에 설치되어 있는 일반출입구 및 비상용 탈출구 중에서 50%의 출입구를 사용하여 90초 이내에 전원 탈출이 가능한 수(數)의 탈출구를 마련해야 한다는 내용이다. 즉 승무원들은 비행기 정지 후 90초 이내에 모든 승객을 외부로 탈출시켜야 한다고 명시되어 있다. 그 이유는 여객기가 활주로로부터 오버런(Over Run)을 하거나 바다에 불시착했다고 가정하면, 많은 경우 기체 외부에 화재가 발생하게 되고 모든 출입구를 사용할 수 없을 수도 있다는 뜻이다. 충격 등으로 인해 출입문이 망가지거나 찌그러들어서 비상구의 일부 사용이 불가능해지는 경우가 있다고 가정하기 때문이다.

그러므로 항공기 제작사가 신형기에 대한 형식증명을 받을 때, 현장실험을 실시해야 하는데 이때 정원수만큼의 승객, 승무원을 싣고 야간이나 또는 창문 블라인드를 모두 내려 어둡게 한 상태에서 기내로부터 탈출하여 90초 이내에 탈출이 가능하다는 것을 증명해야 한다. 이 때문에 항공기 제작사들도 비상구와 복도 등 기내구조를 이에 맞게 만들어야 하므로, 비상탈출구는 기내에 있는 승객, 승무원 전원이 90초 이내에 안전하게 탈출할 수 있도록 설계되어 있다.

주요 기종별 비상착륙시 탈출구수는 다음과 같다.

기 종	비상탈출구수	Slide/Raft (그 외는 Slide)	기 종	비상탈출구수	Slide/Raft (그 외는 Slide)
B747-400	10, U/D 2	No.1, 2, 4, 5	B737	4 (OverWing*4)	(모두 Slide)
B747-300	8, U/D 2	No.1, 2, 4, 5	A330-300	8	No.1, 2, 3, 4
B777-300	10	No.1, 2, 4, 5	A330-200	8	No.1, 2, 4
B777-200	8	all	A300-600	8	No.1, 2, 4

* 소형기의 경우 날개쪽 동체부분에 떼어낼 수 있는 Window Exit가 양쪽에 각 두 개씩 설치되어 있으며 비상탈출용으로만 사용한다.

5) 항공기로부터의 탈출

- 항공기에 잔류 승객이 없는지 확인한다.
- First Aid Kit, Megaphone, Flash Light 등 반출 휴대장비를 가지고 탈출한다.
- 일단 항공기 외부로 나오면 가급적 항공기 내부로 다시 들어가지 않도록 해야 한다.
- 항공기로부터 화염, 폭발을 피해 안전거리까지 대피한 후 승객을 모은다.
- 항공기 사고 주변에서 멀어지지 않아야 구출에 용이하다.
- 이때 비상착수시는 Mooring Release Handle을 잡고 Slide/Raft에 승객을 신속히 탈출시켜 옮겨 태우고 기체에서 Raft를 분리한다. Slide Raft가 없는 경우 수영으로 안전한 거리까지 이동한 후 HELP 자세나 Huddle 자세를 취한다.

NOTES :

비상탈출 흐름에 따른 행동요령 및 Shouting

<table>
<tr><td>운항승무원 브리핑</td><td colspan="4">기장과 객실 사무장 브리핑(상황 및 정보접수 : 사태의 유형, 잔여시간 등 파악)</td></tr>
<tr><td>객실승무원 브리핑</td><td colspan="4">기장 브리핑 내용을 객실승무원에게 전달, 객실준비절차 수립</td></tr>
<tr><td>승객 브리핑</td><td colspan="4">- 승객에게 비상상황 및 유의사항 전달
- 비상탈출관련 안내, 충격방지자세 시범</td></tr>
<tr><td>협조자 선정 및 좌석배치</td><td colspan="4">승객 중 비상탈출 협조자 선정 및 좌석배치</td></tr>
<tr><td>객실 및 갤리 안전 조치</td><td colspan="4">객실/갤리 점검 및 안전조치</td></tr>
<tr><td>최종 점검</td><td colspan="4">- 객실조명 조절
- 기장에게 객실준비상태 완료상황 보고
- 비상탈출시 임무 재숙지
- 승무원 좌석 착석, Emergency light on</td></tr>
<tr><td rowspan="2">충격방지자세 실시</td><td rowspan="2">- 착륙 1분 전 기장신호에 의해 충격방지자세
- Shouting 반복 실시</td><td colspan="2">준비된 비상탈출</td><td>충격 방지자세!
Brace!</td></tr>
<tr><td colspan="2">준비되지 않은 비상탈출</td><td>발목 잡아! 머리 숙여! 자세 낮춰!
Grap ankels! Heads down!
Stay low!</td></tr>
<tr><td>탈출결정을 위한 상황판단</td><td colspan="4">- 객실승무원은 탈출에 대비하며, 조치가 없을 경우 기장에게 비상신호
- 준비되지 않은 비상착륙의 경우, 탈출여부를 결정하기 위해 조종실과 연락 시도
- Emergency light on</td></tr>
<tr><td rowspan="2">승객탈출 명령</td><td rowspan="2">- Cockpit 비상신호에 따라 좌석 이탈 유도
- 협조자에게 외부상황 확인 후 탈출구 개방 지시</td><td colspan="2">비상착륙시</td><td>벨트 풀어! 일어나! 나와!(짐 버려!)
Release seat belt! Get up! Get out!(Leave everything!)</td></tr>
<tr><td colspan="2">비상착수시</td><td>벨트 풀어! 구명복 입어! 일어나! 나와!
Release seat belt! Get your life vest! Get up! Get out!</td></tr>
<tr><td rowspan="6">항공기 탈출</td><td rowspan="2">- 외부상황 판단
- Slide mode 확인
- Door open
- 비상구로 유도</td><td colspan="2">탈출구 정상</td><td>탈출구 정상! 이쪽으로!
Good exit! Come this way!</td></tr>
<tr><td colspan="2">탈출구 불량</td><td>탈출구 불량! 사용 불가! 화재 발생! 저쪽으로! 건너편으로!
Bad exit! Door jammed! Fire! Go that way! Cross over!</td></tr>
<tr><td rowspan="4">탈출 흐름 통제</td><td rowspan="2">착륙시</td><td>Slide</td><td>앉아 내려가! 한 사람씩! 양팔 앞으로!
Sit and slide! One at a time! Arms straight ahead!</td></tr>
<tr><td>Slide/Raft</td><td>뛰어 내려가! 두 사람씩! 양팔 앞으로!
Jump and slide! Two at a time! Arms straight ahead!</td></tr>
<tr><td rowspan="2">착수시</td><td>Slide</td><td>구명복 부풀려! 물로 뛰어들어! 헤엄쳐 가서 잡아!
Inflate your life vest! Jump into the water! Swim to the slide and hold on!</td></tr>
<tr><td>Slide/Raft</td><td>구명복 부풀려! 안쪽으로! 기어서 안쪽으로! 앉아! 자세 낮춰!
Inflate your life vest! Step into the raft! Crawl to the far side! Sit down! Stay low!</td></tr>
</table>

제3절 비상탈출 후 생존지침

1. 비상탈출 후 승객의 현상

- 육체적 현상 : 탈수, 체온 저하, 동상, 굶주림 등
- 심리적 현상 : 사고에 대한 각종 공포(고통, 나약함, 주위 환경 등)

2. 탈출 후 생존 일반 지침

- 탈출 후 승객, 승무원의 잔류 인원을 파악한다.
- 부상승객에 대한 응급처치를 실시한다.
- Slide/Raft, Raft에 있는 사용 가능한 비상장비를 확인하고 환경에 따른 생존지침 절차를 수립한다. 구조신호 발신, 물과 음식물 수집, 온도조절방법 등 잔류 인원들에게 임무를 부여한다.

3. 비상착수시 탈출 후 지침

비상착수하는 경우, 항공기에서 취해야 할 비상탈출절차가 일부 비상장비를 제외하고 비상착륙시와 거의 유사하다. 항공기에서 탈출한 후에도 승객과 승무원이 예상치 못하게 수면 위에서 생존해야 한다는 것을 제외하고는 비상착륙과 유사한 탈출과정을 거치게 된다.

1) 비상착수의 특성

- 비상탈출에 있어서 대부분의 공항이 바다 근처에 위치하고 있고 항공기 사고의 약 80%가 이착륙 과정에서 발생하므로 항공기 사고발생시 비상착수의 가능성도 높다고

볼 수 있다.

- 비상착수는 비상착륙과는 달리 수면 위라는 특수한 환경으로 인해 비상착륙시보다 훨씬 심각한 상황에 처하게 될 수 있다. 특히 물 속에서의 생존을 위하여 열악한 주위 환경을 극복하여야 하며, 구조기가 도착할 때까지 뜨거운 태양열, 극심한 일교차, 거친 파도 등을 이겨내야 한다.
- 구조활동에 많은 시간이 소요된다. 조사에 의하면 사고발생지가 육지로부터 35마일 내에서 발생했을 경우 구조될 때까지 대체로 2~4시간 소요되었으며, 육지와의 거리, 날씨, 시간 등에 의해 구조에 소요되는 시간이 더 길어질 수도 있다. 또한, 이용할 구명정이 없을 경우 물 속에서 구조될 때까지 견뎌야 한다.

2) 탈출 후 생존지침

- 항공기가 빠르게 가라앉으면 Slide/Raft를 분리한 후 가능한 한 빨리 먼 곳으로 대피한다.
- 안전거리 이동 후 Canopy, Sea Anchor 등을 설치하고 가능한 한 사고지점으로부터 멀리 표류하지 않도록 한다.
- 체온저하를 막기 위한 방지자세를 취하고, 가능한 신체부위를 물 밖으로 내놓는다.

3) 체온저하 현상 방지

- 체온저하(Hypothermia)는 신체 내부의 체온이 정상온도 이하로 떨어져 신체기능이 저하되는 증상으로 체내의 생성 체열보다 빼앗기는 열량이 많을 때 발생한다.
- 체온저하는 인간이 차가운 물에 잠겼을 때 사망하게 되는 가장 큰 요인이 되므로, 수중에서의 체온저하를 막는 것은 생존 연장을 의미하며 구조될 가능성을 높이는 결정적 요소가 된다. 체온저하가 생존에 치명적인 이유는 심장기능의 저하와 심장발작 그리고 순간적인 입수 충격에서 오는 과호흡(Hyperventilation) 증상을 초래하기 때문이다.

과호흡

호흡을 지나치게 빨리한 결과, 폐와 혈액 내 탄산가스 분압이 정상수치보다 적게 되어 나타나는 현상을 말하며, 극심한 공포, 흥분, 긴장을 느낄 때 나타난다. 현기증, 손발저림, 경직 등의 증상이 나타난다.

- 항공기 비상착수로 인한 체온저하는 원인에 따라 사고에 의한 체온저하(Accident Hypothermia)와 입수에 의한 체온저하(Immersion Hypothermia)로 구분한다.

■ 체온저하 방지자세

외부조건에 의한 체온저하 현상 방지를 위해서는 가능한 한 신체를 웅크려서 노출 부위를 작게 하여 몸에서 빼앗기는 열을 최소화해야 한다.

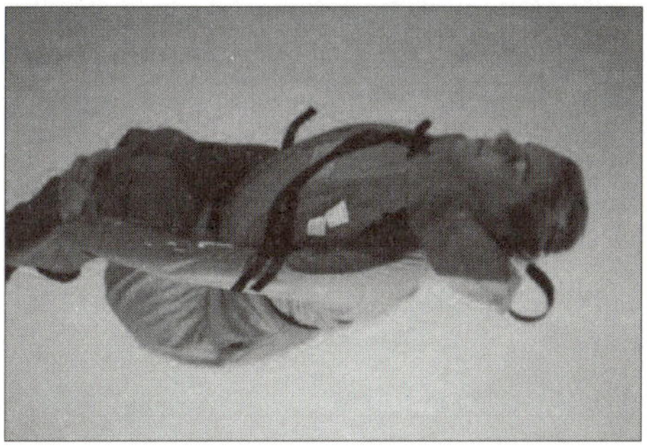

생존자들이 물 속에 있을 경우 체온저하 방지를 위한 자세는 H.E.L.P(Heat Escape Lessening Posture)와 Huddle자세를 취하며, 가능한 한 많은 신체부분을 물 밖으로 내놓는다.

- H.E.L.P(Heat Escape Lessening Posture)
  - 물 속에서 태아처럼 몸을 웅크려 체온을 최대한 유지할 수 있는 자세로서 체온손실이 많은 목과 겨드랑이, 허벅지 안쪽을 몸에 바짝 붙여 체온을 유지하는 자세로 개별적인 체온유지 자세이다.
- Huddle 자세
  - 비상착수시 항공기 탈출 후 집단으로 무리를 이루는 단체의 체온유지 자세이다. 물 속에서 태아자세를 취한 여러 명의 사람들이 서로서로 팔짱을 끼고 원형모양으로 모여 체온손실을 줄이는 자세이다.

'허드슨강의 기적' US에어웨이 사고기_ 1월 15일 승객 승무원 155명을 태우고 뉴욕 라과디아공항(LGA)을 이륙한 US1549편(A320-214)이 이륙 직후 새 떼와 충돌해 엔진 고장을 일으키자 침착하게 대응하여 허드슨강(Hudson River)에 안전하게 불시착하면서 전원이 목숨을 건졌다.

미국 언론들은 일제히 사고 여객기 기장에 대해 영웅담을 쏟아냈고 통신사들은 전 세계를 향해 '허드슨강의 기적(a miracle on the Hudson)'이라고 타전했다.

여객기는 허드슨강에 내리면서 기수를 약간 든 상태로 착수했다. 그래서 뒤쪽이 약간 가라앉은 상태인데다 많은 승객들이 뒤로 몰려 있다.

설렌버거 기장은 허드슨강에 비상착수한 후 기체 앞뒤의 비상구 4개 중에서 뒤쪽 좌우 2개의 비상구를 열지 못하도록 조치했다. 기체가 가라앉기까지 시간을 벌기 위해서였다. 그래서 뒤쪽에는 비상용 구명보트가 나오지 않았고 1등석 승객들이 타고 있는 구명보트는 구조대원들이 가져온 것이 아니라 비상착수 직후 여객기에 설치돼 있는 비상용 구명보트라는 것을 알 수 있다. 뒤쪽의 일반석 승객들은 날개 위에서 기다린 것이다.

기장은 또한 불시착 후에 비행기 안을 순찰하면서 승무원과 승객 전원이 탈출한 것을 확인하고 나서 자신도 탈출하는 등 마지막 순간까지 냉철하게 수습했다. 사고기는 착수한 지 약 1시간 후에 수몰됐다. 기장은 인터뷰 중 다음과 같이 말했다.

"We were simply doing the jobs we were trained to do."

〈출처 : 온타임즈, 2009.3.20, 요약발췌〉

08 PART 기내환경과 응급처치

제8장 기내환경과 응급처치

제1절 기내환경

1. 기내환경

1) 객실고도와 기압

항공기는 이륙하고 나서 순항고도까지 상승할 때와, 착륙을 위해 지표 부근에 내려올 때까지 11~30분간이라는 짧은 시간에 커다란 기압변화를 맞게 된다. 일반적으로 지상의 기압은 1.0이고, 순항고도인 35,000~40,000ft 상공의 기압은 0.2이다. 그리고 기온은 지상기온보다 65℃나 낮아 지상기온이 15℃라면 상공은 –50℃ 정도이다. 그러나 항공기 여압장치의 가동으로 항공기 내의 기압은 보통 사람에게 불편함이 없는 정도의 해발 5,000~8,000ft 고도에서의 기압과 비슷한 수준으로 유지되고 있다.

2) 습 도

인체에 있어서 쾌적한 실내 습도는 50~60%인데 기내의 습도는 15% 내외이다. 이는 환기를 위해 바깥공기를 계속 끌어들이고 있기 때문에 습도가 낮고 매우 건조한 것이다.

3) 온도/환기

기내 온도는 에어컨을 가동시켜 상시 23~25℃ 정도로 유지되고 있고, 기내의 공기를 계속적으로 교환하기 위한 객실환기 시스템이 장착되어 있다. 승객이 400명 정도 탑승하는 B747 같은 대형기의 객실은 이러한 환기장치를 통해 쾌적하고 편안한 항공여행이 가능하도록되어 있다.

4) 소 음

항공기 객실 안은 제트엔진에서 나오는 마찰음과 바람을 가르는 소리 때문에 항상 중저음의 소음에 둘러싸여 있다. 이러한 항공기 소음은 실제로 항공기의 방음장치, 소음 차단 벽 및 좌석 개선을 통해 최근 몇 년 사이 확연히 줄어, 일반적으로 객실 내에서 큰 불편을 느낄 정도는 아니지만, 이착륙시 및 엔진 근처 일부 좌석에서는 소음 정도가 매우 높다.

2. 안전하고 쾌적한 항공여행을 위한 권장사항

1) 기내 스트레칭

최근 들어 항공기 승객 좌석이 보다 안락하고 여유로워지고 있는 추세이기는 하나 승객들이 가장 불편을 느끼는 것은 장시간에 걸쳐 좁은 좌석에서 좌석벨트를 맨 채로 여행하면서 받는 불편함일 것이다. 특히 일반석의 경우는 좁은 기내 공간 여건 때문에 화장실에 갈 때 이외에는 계속 좌석에 앉아 있는 상태이므로 신체적으로 상당한 스트레스를 수반하게 된다.

이렇게 좁은 좌석에서 장시간 움직이지 않고 의자에 앉아 있는 경우, 다리의 정맥이 압박되어 정맥 내 혈액의 흐름이 원활하지 못해 혈전이 생길 수 있다. 그러므로 승객은 비행 중 일정시간 간격으로 가벼운 스트레칭과 마사지를 하거나, 기내 통로를 걷는 것이 바람직하다. 또한, 기내용 양말이나 슬리퍼를 신어 답답한 발의 피로를 풀어주도록 한다.

혈액순환장애(이코노미증후군)

의자에 앉아 움직이지 않은 상태로 장시간 비행하면, 다리 정맥의 혈액순환이 느려져 발이 붓는 현상이 나타나고, 경우에 따라 하체부분에 혈액응고장애가 일어나 혈전증이 유발될 수도 있다.

기내 스트레칭(Stretching in the Air)

It is easy to stiffen up during a long flight. Here are a few simple stretching exercises to help loosen muscles and joints. You can perform them in your seat, but make sure it is in the upright position. Remember to respect the airspace of other customers. Breathe normally, and do not overstretch. Repeat the programme at intervals of, say, two hours.

다음은 근육과 관절을 부드럽게 해주는 스트레칭 동작들이다. 좌석에 편안히 등을 대고 앉아서 호흡은 자연스럽게 하고 과도하게 스트레칭되지 않도록 주의를 요한다. 두 시간마다 반복하는 것이 좋다.

(1) 손가락 끼고 앞으로 펴기(Arms)

Interlace your fingers, then straighten your arms out in front of you with palms facing out. Feel the stretch in arms and through upper part of back. Hold stretch for 20 seconds. Repeat two times.

손가락을 깍지 껴 어깨 높이에서 자연스럽게 앞으로 편다. 20초간 두 번 반복한다.

(2) 머리 뒤 팔꿈치 아래로 누르기(Upper Arm)

Hold your right elbow with your left hand, then gently pull elbow behind head until an easy tension-stretch is felt in shoulder or back of upper arm. Hold for 30 seconds. Do both sides. Do not overstretch.

한쪽 팔을 머리 뒤로 올린 후 구부린 상태에서 팔꿈치를 아래 방향으로 누른 후 30초간 유지한다. 반대편도 동일하게 실시하며 과도하게 스트레칭되지 않도록 주의한다.

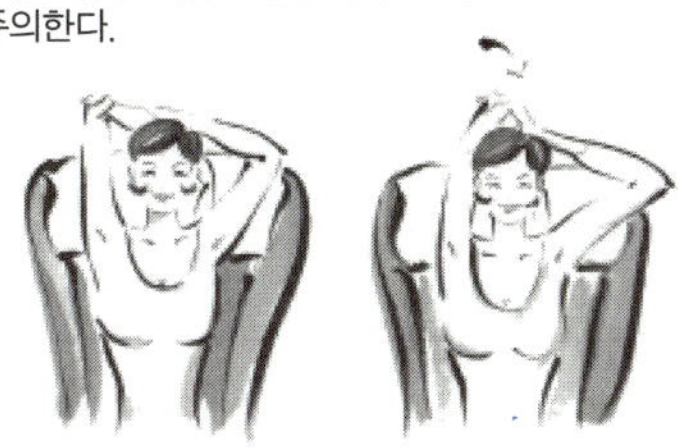

3) 머리 기울이기(Neck)

Place your left hand on the upper right side of your head. Exhale, and slowly pull the left side of your head onto your left shoulder. Hold for 10 seconds. Repeat two times.

왼쪽 손을 반대쪽 머리 위에 위치한 후, 천천히 어깨 쪽으로 잡아당긴다. 반대편도 동일하게 실시하며 2번 반복한다.

(4) 발목 위아래로 젖히기(Foot)

Start with both heels on the floor and point feet upward as high as you can. Put both feet flat on the floor. Lift heels high, keeping balls of feet on the floor. Repeat 20 times for legs.

두 발을 바닥에 대고 뒤꿈치를 붙인 상태에서 발가락을 들어올린 후, 이번엔 발가락을 바닥에 댄 상태에서 뒤꿈치를 가능한 들어올린다. 20회 반복한다.

(5) 다리 구부리기(Knee)

Lift leg with knee bent while contracting your thigh muscle. Alternate legs. Repeat 20 times for each leg.

왼쪽 무릎을 구부려 가슴 부위까지 올린 상태에서 발목을 아래위로 움직인다. 반대로도 실시하며 20회 반복한다.

(6) 다리 들어올리기(Leg)

Hold on to your lower left leg just below the knee. Gently pull it toward your chest. To isolate a stretch in the side of your upper leg, use the left arm to pull the bent leg across and toward the opposite shoulder. Hold for 30 seconds. Do both sides.

두 손을 깍지 낀 후, 왼쪽 다리를 구부려서 가능한 한 가슴 쪽으로 잡아당긴다. 30초간 유지하며 반대편도 동일하게 실시한다.

2) 충분한 음료 섭취

기내에서는 소화기관의 활동이 둔해지므로 일반적으로 되도록 소량의 가벼운 식사를 하고, 수분을 자주 충분히 섭취하는 것이 좋다. 즉, 저지방 식품이나 과일, 야채를 섭취하고, 한 시간에 한 번씩은 탄산이 들어가 있지 않은 생수나 과일쥬스 등을 충분히 마시는 것이 바람직하다. 커피, 홍차 등을 많이 드시면 오히려 몸의 수분을 더 잃게 되고, 알콜성 음료도 오히려 수분 부족의 원인이 되기 때문에 기내에서는 피하는 것이 좋다. 또한 과식을 하거나 탄산음료, 맥주 등 가스가 많이 생성되는 음료는 위장에 부담을 줄 수 있다.

3) 기 타

- 항공기내는 매우 건조하므로 장거리 노선에서는 피부나 점막에 염증을 일으킬 수도 있기 때문에 승객들은 콘택트렌즈(Contact Lens)도 항공기 안에서 만큼은 안경으로 바꿔 끼는 것이 편안한 항공여행에 도움이 될 것이다. 또한, 피부를 촉촉하게 해주는 보습제와 워터 스프레이를 사용하는 것도 좋은 방법이다.
- 기내는 적정온도로 유지되나, 비행 중 에어컨이 가동되므로 기내에서의 복장은 얇은 소재의 긴 소매 상/하의를 입는 것이 좋다.
- 비행기 이착륙시의 기압변화 때문에 귀가 멍멍해지는 경우에는 가볍게 턱을 움직이거나, 물을 마시도록 한다. 입을 다물고 코를 막은 후 가볍게 부는 방법을 이용하는 것도 효과적이다. 어린 아이에게는 먹을 것을 주거나 우유병을 물리는 것이 도움이 된다.

제2절 기내 응급처치

1. 기내 응급상황 및 처리절차

수백 명의 승객이 탑승한 항공기가 장거리 운항을 하다 보면 기내에서 응급환자가 발생하는 경우가 간혹 있다. 우리나라의 경우 국내선은 비행시간이 대부분 1시간 내외이므로 응급환자가 발생하더라도 어느 정도 조치가 가능하지만, 장거리 국제선의 경우는 양상이 조금 달라진다. 비행 중 기내에서 응급환자가 발생한 경우, 객실승무원은 환자의 상태를 진단하거나 처방하는 것이 아니라 의료진에게 환자를 인도할 때까지 필수적인 응급처치를 실시하는 것이 임무이다.

1990년대 초반 아시아지역 항공사들은 기내 응급용으로 간단한 구급의료용구(First Aid Kit)와 응급약품이 들어간 약품함만 실었으며, 1993년경부터 국제선에 전문 의약품과 간단한 수술이 가능한 의료기구가 탑재되기 시작했다.

오늘날에는 이외에도 국제규정에 맞는 응급처치 키트(Emergency Medical Kit), 갑작스러운 심장마비에 사용할 수 있는 자동심실세동기(Automatic External Defibrillator), 골절 및 화상 등 외상에 대비한 키트(First Aid Kit) 등이 실려 있다.

기내에 응급환자가 발생하면 1차적으로 객실승무원이 기내에 비치된 비상약품 및 의료기기를 사용하여 응급처치[5]를 하게 되고, 그 즉시 기장에게 보고하도록 되어 있다. 기장은 환자의 상태를 보아 가면서 적절한 조치를 취하게 되는데, 우선 기내에 탑승한 승객 중 의료인을 찾아 도움을 요청하게 된다.

그러나 기내에서 닥터콜을 이용하거나 다른 방법을 동원해도 의사와 연결할 방법이 없거나 또는 환자가 위독하여 다음 목적지까지 견디기 어렵다고 판단되면, 최악의 경우는 가까운 공항에 긴급착륙하게 되는 경우도 있다. 이때는 착륙에 앞서 공항측에 구급차와 의료인력 지원을 요청하여 착륙 즉시 환자를 인근 병원으로 이송할 수 있도록 한다.

5) 기내에 탑재된 약품을 제공할 때는 먼저 승객에게 약품내용을 설명하고, 그 약에 대한 부작용이 있는지 확인한 후 승객이 요구할 경우 승객의 책임하에 복용하도록 한다.

닥터 콜(Doctor Call)

기내에서 응급환자가 발생, 환자의 상태가 심각하다고 판단되어 응급처치가 어려울 경우, 기내방송을 통해 승객 중에서 의사나 간호사 등 의료인이 있는지 찾아보게 되는데, 이것을 닥터 콜(Doctor Call)이라 한다.

다음으로, 닥터 콜을 통해서 찾아보았으나 만일 해당 기내에 의료인이 아무도 탑승하지 않았다면 먼저 근처를 비행하는 같은 항공사 소속 항공기에 닥터 콜을 요청하여 도움을 구하게 된다. 그러나 이때는 같은 방향으로 나는 비행기에 한한다. 반대 방향으로 비행하는 항공기와는 서로 시속 900km 정도의 고속으로 비행하고 있기 때문에 무선통화 가능권 내에서 금방 지나 버리므로 진료에 어느 정도의 시간을 요하는 환자라면 그다지 도움이 되지 않기 때문이다.

예를 들어 뉴욕으로 가는 항공기에서 환자가 발생했다면 앞뒤로 워싱턴이나 시카고 또는 캐나다 등지로 가고 있는 항공기에도 협력을 요구해 승객 중에 의사가 있으면 그 항공기의 조종실에 들어가서 항공기 간 사내 무선으로 교신하면서 의료상의 도움을 받을 수 있도록 하는 것이다. 이러한 방법은 같은 회사의 항공기뿐만 아니라 근처를 지나는 다른 항공사 편으로부터도 도움을 받을 수 있다.

2. 응급상황시 유의사항

- 승무원은 응급상황에 효율적으로 대처하기 위해 승무원 상호 간에 협조한다.
- 환자 주위에 다른 승객들의 접근을 막고 환자를 안정시킨다.
- 환자의 상태에 따라 편안한 자세를 취하도록 하고, 필요시 객실 내 적절한 공간을 마련한다.
- 환자의 과거 병력을 파악하고 대처한다.
- 위급한 환자의 경우는 승무원이 항상 환자 옆에서 지속적으로 도움을 제공하도록 한다.
- 환자 상태에 관해 기장에게 지속적으로 보고한다.
- 중간 기착지에서 승무원이 교대하는 경우는 환자 상태에 관한 정보를 교대 팀에 상세히 알린다.

3. 환자 발생시 행동원칙

1) 상황판단

- 환자를 안정시킨다.
- 환자로부터 도움이 필요한지의 여부를 확인하고, 환자의 동의를 받는다.

- 질병 발생의 상황을 파악하고, 환자가 소지하고 있는 의약품을 먼저 확인한다.
- 환자에 대한 병력을 확인한다.

2) Communication

- 다른 승무원의 도움을 요청한다.
- 기장에게 통보한다.
- 필요시 닥터 콜을 실시하며, 의료진이 없을 경우 기장과 협의하여 지상으로 의학적 도움을 요청한다.
- 응급발생시 신속한 사용을 위해 기내 의료장비를 환자 주변에 비치해 둔다.

3) ABC Survey

ABC Survey란 질병의 위급성 여부를 파악하기 위해 승무원이 실시하는 응급처치의 기초 단계로서 환자의 기도, 호흡, 심장운동을 확인하는 절차이다.

ABC Survey

A : 기도유지(Airway)

B : 호흡을 하고 있는가(Breathing)

C : 심장이 뛰고 있는가(Circulation)

- ABC Survey시 가장 먼저 환자의 의식을 확인해야 하는데, 그 방법으로 환자를 흔들어 보고 큰 소리로 괜찮은지를 묻는 것이다.
- 다음으로 기도유지를 위해 머리를 뒤로 젖히고 턱을 들어올린다.
- 환자가 호흡을 하고 있는지 확인할 수 있는 방법은 기도를 유지한 상태로 가슴의 움직임을 확인하고 귀를 입과 코에 가까이 갖다 대고 숨이 입과 코에서 나오는지 3~5초 동안 확인한다.

4) Secondary Survey

발병 당시 환자의 상태가 위급하지는 않으나 방치해 두면 심각한 상황으로 진행할 수 있는 질병이나 부상에 있어서 그 악화의 가능성을 미연에 방지하기 위한 절차이다.

- 환자와 면담한다.
- 주변 승객들과 면담한다.
- 환자의 활력증상(맥박, 호흡, 체온, 혈압, 피부색)을 지속적으로 관찰한다.
- 환자의 질병, 건강상태를 계속 확인한다.
- 응급처치 내용을 순서별로 기록한다.

부록 주요 항공용어 및 약어

부록
주요 항공용어 및 약어

A

ACL(Allowable Cabin Load) : 객실 및 화물실에 탑재 가능한 최대 중량으로서 이착륙시의 기상조건, 활주로의 길이, 비행기의 총 중량 및 탑재 연료량 등에 의해 영향을 받는다.

Address : 5자리 혹은 6자리로 구성된 항공예약코드

Air Bleeding : Water Boiler 작동 때 Hot & Cold Faucet으로부터 정상적이고 기포가 없는 연속적인 물이 나올 때까지 충분히 물을 빼주는 것을 말한다. Air Bleeding이 충분치 않은 상태에서 Water Boiler를 사용할 경우 과열에 의한 화재 발생의 원인이 된다.

APIS(Advance Passenger Information System) : 출발지 공항 항공사에서 예약/발권 또는 탑승수속시 승객에 대한 필요 정보를 수집, 미법무부/세관 당국에 미리 통보하여 미국 도착 탑승객에 대한 사전 점검을 가능하게 함으로써 입국심사 소요시간을 단축시키는 제도

Apron : 주기장. 공항에서 여객의 승강, 화물의 적재 및 정비 등을 하기 위해 항공기가 주기하는 장소

APU(Auxiliary Power Unit) : 항공기 뒷부분에 달려 있는 보조 동력장치로 외부 동력 지원이 없을 때 자체적으로 전원을 공급할 수 있는 장치

ARS(Audio Response System) : 국내선, 국제선 항공기의 당일 정상운항 여부 및 좌석 현황을 전화로 알아볼 수 있는 자동 음성응답 서비스

ASP(Advance Seating Product) : 항공편 예약시 원하는 좌석을 미리 예약할 수 있도록 하는 사전 좌석 배정제도

ATA(Actual Time of Arrival) : 실제 항공기 도착시간

ATB(Automated Ticket and Boarding Pass) : 탑승권 겸용 항공권으로서 Void Coupon 없이 실제 항공권만 발행한다.

ATC Holding(Air Traffic Control Holding) : 공항의 혼잡 또는 기타 이유로 관제탑의 지시에 따라 항공기가 지상에서 대기하거나 또는 공중에서 선회하는 것

ATD(Actual Time of Departure) : 실제 항공기 출발시간

AWB(Air Waybill) : 송하인과 항공사 간에 화물 운송계약체결을 증명하는 서류

B

Baby Bassinet : 기내용의 유아요람으로 항공기 객실 내부 각 구역 앞의 벽면에 설치하여 사용한다.

Baggage Claim Tag : 위탁수하물의 식별을 위해 항공회사가 발행하는 수하물 증표

Block Time : 항공기가 자력으로 움직이기 시작(Push Back)해서부터 다음 목적지에 착륙하여 정지(Engine Shut Down)할 때까지의 시간

Boarding Pass : 탑승권

Bond : 외국에서 수입한 화물에 대해서 관세를 부과하는 것이 원칙이나 그 관세징수를 일시 유보하는 미통관 상태

Bonded Area : 보세구역

Booking Class : 기내에서 동일한 Class를 이용하는 승객이라 할지라도 상대적으로 높은 운임을 지불한 승객에게 수요 발생시점에 관계없이 예약시 우선권을 부여하고자 하는 예약 등급

Bulk Loading : 화물을 ULD를 사용하지 않고 낱개상태로 직접 탑재하는 것

Bulkhead Seat : 객실을 나누는 칸막이로 클래스(Class)나 구역(Zone) 사이에 설치된 분리벽에 있는 좌석

C

Cancellation : 결항. 목적지 기상의 불량, 기재의 고장, 결함의 발견 또는 예상 등으로 사전 계획된 운항편을 취소하는 것

Cargo Manifest(CGO MFST) : 화물 적하목록. 관계당국에 제출하기 위해 탑재된 화물의 상세한 내역을 적은 적하목록으로 주요 기재사항으로는 항공기 등록번호, Flight Number, Flight 출발지, 목적지, Air Waybill Number, 화물의 개수, 중량, 품목 등이다.

Catering : 기내에서 서비스되는 기내식 음료 및 기내용품을 공급하는 업무. 항공회사 자체가 기내식 공장을 운영하며 Catering을 행하는 경우도 있으나 대부분은 Catering 전문회사에 위탁하고 있다.

CDL(Cabin Discrepancy List) : 운항 중 객실장비의 고장 및 내용을 기재하는 일지

Charter Flight : 공표된 스케줄에 따라 특정 구간을 정기적으로 운항하는 정기편 항공운송과 달리 운항구간, 운항시기, 운항스케줄 등이 부정기적인 항공운송 형태를 말한다.

CHG : Change의 약어

C.I.Q. : Customs(세관), Immigration(출입국), Quarantine(검역)의 첫 문자로 정부기관에 의한 출입국 절차에 심사를 의미한다.

CIS(Central Information System) : 여행에 필요한 각종 정보 및 기타 예약 업무시 참고사항을 Chapter & Page화하여 수록한 종합 여행정보시스템으로 General Topic Chapter와 City Chapter로 구성된다.

CM(Cargo Manifest) : 관계당국에 제출하기 위해 항공기 등록번호, 비행편수, 출발지 목적지, 화물의 개수, 중량, 품목 등 탑재된 화물의 상세한 내역을 나타내는 적하목록

CMS(Cabin Management System) : 기내의 모든 Entertainment, Light 및 공기순환 등을 통제하는 시스템

CRS(Computer Reservation System) : 항공사가 사용하는 예약 전산 시스템으로서, 단순 예약기록의 관리뿐 아니라 각종 여행정보를 수록하여 정확하고 광범위한 대고객 서비스를 가능케 한다.

CRT(Cathode Ray Tube) : 컴퓨터에 연결되어 있는 전산장비의 일종으로 TV와 같은 화면과 타자판으로 구성되어 있으며 Main Computer에 저장되어 있는 정보를 즉시 Display해 보거나 필요한 경우 입력도 가능하다.

CTC : Contact의 약어

D

DBC(Denied Boarding Compensation) : 해당 항공편의 초과예약 등 자사의 귀책사유로 인하여 탑승이 거절된 승객에 대한 보상제도

Declaration of Indemnity : 동반자 없는 소아 승객, 환자, 기타 면책사항에 관한 항공회사에 만일의 어떠한 경우에도 책임을 묻지 않는다는 요지를 기입한 보증서

De-icing(DCNG) : 항공기 표면의 서리, 얼음, 눈 등을 제거

Deportee(DEPO) : 강제 추방자. 합법, 불법을 막론하고 일단 입국한 후 관계당국에 의해 강제로 추방되는 승객

Dispatcher : 운항관리사. 항공기의 안전운항을 위해 항공기 출발 전에 기상조건이나 비행 항로상의 모든 운항정보를 수집, 비행계획을 수립하여 기장의 합의를 받는다. 비행 중에는 항공기의 위치 통보를 지켜보면서 운항사정을 파악하고 비행의 종료에 이르기까지 안전운항을 위한 역할을 한다.

Diversion : 목적지 변경. 목적지의 기상불량 등으로 다른 비행장에 착륙하는 것을 말하며, 출발지로 돌아오는 경우는 아니다.

E

E/D Card(Embarkation/Disembarkation Card) : 출입국 신고서(기록카드)

Embargo : 어떤 항공회사가 특정 구간에 있어 특정 여객 및 화물에 대해 일정기간 동안 운송을 제한 또는 거절하는 것을 말한다.

Emergency Signal : 필요시 객실, 운항승무원 상호 간 비상신호. 모든 승무원은 비상신호를 듣는 즉시 Handset을 들고 자신의 위치를 말한 후 발신자로부터 상황이나 지시를 전달받거나 자신의 상황을 전달한다.

Endorsement : 항공사 간 항공권에 대한 권리를 양도하기 위한 행위

Escape Strap : 비상착수시 Overwing Window Exit로 탈출할 때 승객의 탈출을 항공기 전방으로 유도하고 탈출에 도움을 주기 위한 보조장비. 날개 위에 장착된 고리에 고정시켜 사용한다.

ETA(Estimated Time Of Arrival) : 도착 예정시간

ETD(Estimated Time Of Departure) : 출발 예정시간

Evacuation Signal : 탈출 신호경고음

Excess Baggage Charge : 무료 수하물량을 초과할 경우 부과되는 수하물 요금

Express Service : 소형 화물 특송 서비스

Extra Flight : 현재 취항 중인 노선에 정기편이 아니고 추가되어진 Flight

F

Ferry Flight : 유상 탑재물을 탑재하지 않고 실시하는 비행을 말하며, 항공기 도입, 정비, 편도 전세 운항 등이 이에 속한다.

First Aid Kit : 기내에 탑재되는 응급 처치함

FOC(Free Of Charge) : 무료로 제공받은 Ticket으로 SUBLO와 NO SUBLO로 구분된다.

Forwarder : 항공화물 운송대리점(인)

Free Baggage Allowance : 여객운임 이외에 별도의 요금 없이 운송할 수 있는 수하물의 허용량

G

G/D(General Declaration) : 항공기 출항허가를 받기 위해 관계기관에 제출하는 서류의 하나로 항공편의 일반적 사항, 승무원의 명단과 비행상의 특기사항 등이 기재되어 있다.

G/H(Ground Handling) : 지상조업. 항공화물, 수하물 탑재, 하역작업 및 기내청소 등의 업무

Girt Bar : Slide를 문턱 부분의 Floor Fitting에 고정시키는 금속의 막대

Giveaway : 기내에서 탑승객에게 제공되는 탑승기념품

GMT(Greenwich Mean Time) : 영국 런던 교외 Greenwich를 통과하는 자오선을 기준으로 한 Greenwich 표준시를 0으로 하여 각 지역 표준시와의 차를 시차라고 한다.

GPU(Ground Power Unit) : 지상에 있는 비행기에 외부로부터 전력을 공급하기 위한 교류발전기를 실은 전원장치

Ground Time : 한 공항에서 어떤 항공기가 Ramp-In해서 Ramp-Out하기까지의 지상체류 시간

GRP : Group의 약어

GSH(Go Show) : 예약이 확정되지 않은 승객이 해당 비행편의 잔여좌석 발생시 탑승하기 위해 공항에 나오는 것

GTR(Government Transportation Request) : 공무로 해외여행을 하는 공무원 및 이에 준하는 사람들에 대한 할인 및 우대 서비스를 말하며 국가적인 차원에서 국적기 보호육성, 정부 예산절감, 외화 유출방지 등의 효과를 가지고 있다.

H

Hand Carried Baggage : 기내 반입 수하물

Hangar : 항공기의 점검 및 정비를 위해 설치된 항공기 주기 공간을 확보한 장소로 격납고를 의미한다.

I

IATA(International Air Transportation Association) : 국제항공운송협회. 세계 각국의 민간항공회사의 단체로 1945년 결성되어 항공운임의 결정 및 항공사 간 운임정산 등의 업무를 행한다. 본부는 캐나다의 몬트리올에 있다.

ICAO(International Civil Aviation Organization) : 국제민간항공기구. 국제연합의 전문기구 중 하나로서 국제 민간항공의 안전유지, 항공기술의 향상, 항공로와 항공시설의 발달, 촉진 등을 목적으로 1947년에 창설되었다. 한국은 1952년에 가입하였으며 본부는 캐나다의 몬트리올에 있다.

In Bound/Out Bound : 임의의 도시 또는 공항을 기점으로 들어오는 비행편과 나가는 비행편을 일컫는 용어

Inadmissible Passenger(INAD) : 사증 미소지, 여권 유효기간 만료, 사증목적 외 입국 등 입국자격 결격사유로 입국이 거절된 여객

Inclusive Tour(IT) : 항공요금, 호텔비, 식비, 관광비 등을 포함하여 판매되고 있는 관광을 말하며 Package Tour라고도 한다.

IRR : Irregular의 약어

Itinerary : 여정. 여객의 여행개시부터 종료까지를 포함한 전 구간

J

Joint Operation : 영업효율을 높이고 모든 경비의 합리화를 도모하며 항공협정상의 문제나 경쟁력 강화를 위하여 2개 이상의 항공회사가 공동 운항하는 것

L

L/F(Load Factor) : 공급좌석에 대한 실제 탑승객의 비율($\frac{\text{탑승객}}{\text{전체 공급좌석}} \times 100$)

M

Manual Inflation handle : Escape Device를 수동으로 팽창하기 위한 Handle

MAS(Meet & Assist Service) : VIP, CIP 또는 Special Care가 필요한 승객에 대한 공항에서의 영접 및 지원 업무

MCO(Miscellaneous Charges Order) : 제 비용 청구서. 추후 발행될 항공권의 운임 또는 해당 승객의 항공여행 중 부대서비스 Charge를 징수한 경우 등에 발행되는 지불 증표

MCT(Minimum Connection Time) : 특정 공항에서 연결편에 탑승하기 위해 연결편 항공기 탑승시 소요되는 최소 시간

N

NIL : None의 약어

NO SUBLO(No Subject To Load) : 무상 또는 할인 요금을 지불한 승객이지만 일반 유상승객과 같이 좌석예약이 확보되는 것을 말한다.

NRC(No Record) : 항공기 단말기상에 예약기록이 없는 상태

NSH(No Show) : 예약이 확정된 승객이 당일 공항에 나타나지 않는 경우

O

OAG(Official Airline Guide) : OAG사가 발행하는 전 세계의 국내, 국제선 시간표를 중심으로 운임, 통화, 환산표 등 여행에 필요한 자료가 수록된 간행물. 수록된 내용은 공항별 최소 연결시간, 주요 공항의 구조 시설물, 항공업무에 사용되는 각종 약어, 공항세 및 Check-in 유의사항, 수하물 규정 및 무료 수하물 허용량 등이다.

Off Line : 자사항공편이 취항하지 않는 지점 또는 구간

On Line : 자사가 운항하고 있는 지점 또는 구간

Overbooking : 특정 비행편에 판매가능 좌석수보다 예약자의 수가 더 많은 상태. 즉 No-Show 승객으로 인한 Seat Loss를 방지하여 수입제고를 도모하며 고객의 예약 기회 확대를 통한 예약 서비스 증대를 위해 실제 항공기 좌석 숫자보다 예약을 초과하여 받는 것을 말한다. Overbooking률은 오랜 기간 동안의 평균 No-Show율, 과거 예약의 흐름, 단체 예약자수, 예약 재확인을 실시한 승객수 등을 고려하여 결정, 운영된다.

Overwing Exit Door : 항공기의 객실 내 날개 부분에 설치되어 있는 비상구

P

Payload : 유상 탑재량. 실제로 탑승한 승객, 화물, 우편물 등의 중량이다. 그 양은 허용 탑재량(ACL)에 의해 제한된다.

PNR(Passenger Name Record) : 승객의 예약기록번호

Pre-Flight Check : 객실승무원이 승객 탑승 전 담당 임무별 객실 안전 및 기내 서비스를 위해 준비하는 시간으로 비상장비, 서비스 기물 및 물품 점검, 객실의 항공기 상태 등을 확인,

준비하는 것을 말한다.

PSU(Passenger Service Unit) : 승객 서비스 장치

PTA(Prepaid Ticket Advice) : 타도시에 거주하고 있는 승객을 위하여 제3자가 항공운임을 사전에 지불하고 타도시에 있는 승객에게 항공권을 발급하는 제도

Push Back : 항공기가 주기되어 있는 곳에서 출발하기 위해 후진하는 행위로 항공기는 자체의 힘으로 후진이 불가능하므로 Towing Car를 이용하여 후진한다.

R

Ramp : 항공기 계류장

Ramp-Out : 항공기가 공항의 계류장에 체재되어 있는 상태에서 출항을 하기 위해 바퀴가 움직이기 시작하는 상태

Reconfirmation : 여객이 항공편으로 어느 지점에 도착하였을 때 다음 탑승편 출발시까지 일정 시간 이상이 경과할 경우 예약을 재확인하도록 되어 있는 제도

Refund : 사용하지 않은 항공권에 대하여 전체나 부분의 운임을 반환하여 주는 것

Replacement : 승객이 항공권을 분실하였을 경우 항공권 관련사항을 접수 후 항공사 해당점소에서 신고사항을 근거로 발행점소에서 확인 후 항공권을 재발행하는 것

Retractable Monitor : 객실천장에 있는 모니터. B737과 같은 소형기종에 장착되어 있다.

R/I(Restricted Item) : 승객의 휴대수하물 중 보안상 문제가 될 수 있는 Item으로 기내 반입이 불가하다(우산, 골프채, 칼, 가위, 톱, 건전지 등).

S

Safety Strap : 항공기 문이 열려 있는 경우, 안전사고 방지용 줄

Seat Configuration : 기종별 항공기에 장착되어 있는 좌석의 배열

Seat Restraint Bar : 좌석의 발 부분에 설치되어 있고, 좌석 밑에 놓여진 휴대수하물을 고정시키기 위한 장치로서 좌석의 전방과 옆면에 설치되어 있다.

Segment : 항공 운항시 승객의 여정에 해당되는 모든 구간

Ship Pouch : Restricted Item, 부서 간 전달 서류 등을 넣는 Bag으로 출발 전 사무장이 운송부 직원에게 인수받아 목적지 공항에 인계한다.

Shoulder Harness : 이착륙시 승무원 좌석에 착석하여 매는 어깨 끈

SHR(Special Handling Request) : 특별히 주의를 요해 Care해야 하는 승객으로 운송부 직원으로부터 Inform을 받는다.

Simulator : 조종훈련에 사용하는 항공기 모의 비행 장치로서 항공기의 조종석과 동일하게 제작되어 실제 비행훈련을 하는 것과 같은 효과를 얻을 수 있다.

SKD : Schedule의 약어

Slide Bustle : Escape Slide를 보관하고 있는 Plastic Case

Slide Bustle Brackets : 소형기의 Slide 하단에 붙어 있는 고리

Squawk : 비행 중 고장이 있다든지 작동상 이상한 부분이 있으면 승무원은 항공일지에 그 결함상태를 기입하여 정비사에 인도하게 되는데 이것을 Squawk이라고 한다.

STA(Scheduled Time of Arrival) : 공시된 Time Table상의 항공기 도착 예정시간

STD(Scheduled Time of Departure) : 공시된 Time Table상의 항공기 출발 예정시간

Sterile Cockpit : 비행안전취약단계. 운항승무원의 업무를 방해하는 어떤 행위도 금지하는 규정

Stop over : 여객이 적정 운임을 지불하여 출발지와 종착지 간의 중간 지점에서 24시간 이상 체류하는 것을 의미하며, 요금 종류에 따라 도중 체류가 불가능한 경우가 있다.

Stopover On Companys Account : 연결편 승객을 위한 우대서비스로서 승객이 여정상 연결편으로 갈아타기 위해 도중에서 체류해야 할 경우 도중 체류에 필요한 제반 비용을 항공사가 부담하여 제공하는 서비스

SUBLO(Subject To Load) : 예약과 상관없이 공석이 있는 경우에만 탑승할 수 있는 무임 또는 할인 운임 승객의 탑승조건(항공사 직원 등)

T

Tariff : 항공관광자 요금이나 화물요율 및 그들의 관계 규정을 수록해 놓은 요금요율 책자

Taxing : Push Back을 마친 항공기가 이륙을 위해 이동하는 행위로 그 경로를 Taxi Way라고 한다.

Technical Landing : 여객, 화물 등의 적하를 하지 않고 급유나 기재 정비 등의 기술적 필요성 때문에 착륙하는 것

TIM(Travel Information Manual) : 승객이 해외 여행시 필요한 정보, 즉 여권, 비자, 예방 접종, 세관 관계 등 각국에서 요구하는 규정이 철자 순으로 수록되어 있는 소책자. 즉, 각국의 출입국 절차 및 입국시 준비서류 등을 종합적으로 안내하는 책자로 국제선 항공편의 기내에 비치되어 있다.

TIMATIC : TIM을 전산화한 것으로서, 고객이 필요한 정보를 Update된 상황에서 신속히 제공하기 위한 것. TIMATIC은 여러 가지 분류기호에 따라 필요부분을 볼 수 있으며, 크게 Full Text Data Base와 Specific Text Data Base의 두 부분으로 구분한다.

Transfer : 여정상의 중간지점에서 여객이나 화물이 특정 항공사의 비행편으로부터 동일 항공사의 다른 비행편이나 타 항공사의 비행편으로 바꿔 타거나 전달되는 것

Transit : 여객이 중간 기착지에서 항공기를 갈아타는 것

TTL(Ticketing Time Limit) : 매표구입 시한. 항공권을 구입하기로 약속된 시점까지 구입하지 않은 경우 예약이 취소될 수 있다.

TWOV(Transit Without Visa) : 항공기를 갈아타기 위하여 짧은 시간 체재하는 경우에는 비자를 요구하지 않는 경우를 말한다.

U

ULD(Unit Load Device) : Pallet, Container 등 화물(수하물)을 항공기에 탑재하는 규격화된 용기

UM(Unaccompanied Minor) : 성인의 동반 없이 혼자 여행하는 최초여행일 기준 만 5세 이상 12세 미만의 유아나 소아

Up Grade : 상급 Class에의 등급변화를 일컬으며 관광자의 의사에 따라 행하는 경우와 회사의 형편상 행하는 경우가 있으며 후자의 경우 추가요금 징수가 없다.

V

Version : 동일 기종 항공기 타입 중에서 항공기의 크기, 객실의 구조, 엔진의 크기 등이 상이한 것을 Version으로 구분한다.

Void : 취소표기. AWB나 Manifest 등의 취소시 사용되는 표기

VWA(Visa Waiver Agreement) : 양 국가 간에 관광, 상용 등 단기 목적으로 여행시 협정체결국가에 비자 없이 입국이 가능하도록 한 협정

VWPP(Visa Waiver Pilot Program) : 미국 입국규정에 의거, 당 협정을 맺은 국가의 국민이 협정가입 항공사를 이용하여 미국 입국시 미국 비자 없이도 입국 가능토록 한 일종의 단기 비자 면제협정

W

W/B(Weight & Balance) : 항공기의 중량 및 중심 위치를 실측 또는 계산에 의해 산출하는 것을 말한다.

Winglet : 비행기의 주날개 끝에 달린 작은 날개. 미국항공우주국(NASA)의 R.T. 휘트컴이 고안하였는데, 비행기의 주날개 끝에 수직 또는 수직에 가깝게 장치한다. 날개 끝에서 발생하는 소용돌이로 인한 유도항력을 감소시킴과 동시에 윙릿에서 발생하는 양력을 추력성분으로 바꾸어 항력(Drag)을 감소시키는 것으로, 연료를 절감하는 데에도 큰 효과가 기대되고 있다.

참고문헌

대한항공 기내지, Morning Calm.

대한항공 신입승무원 교육교재.

박혜정 외, 항공객실서비스실무, 백산출판사, 2006.

박혜정 외, 항공운송실무, 백산출판사, 2007.

서성희 외, 멋진 커리어우먼 스튜어디스, 백산출판사, 2006.

심종수, 항공기 객실구조 및 안전장비, 기문사, 2006.

아시아나항공 기내지.

아시아나항공 직무훈련 교재.

이병선, 항공기 구조 및 비행안전, 백산출판사, 2008.

정상천 외, 기내구조 및 비행안전, 기문사, 2004.

http://kr.koreanair.com

http://www.airbus.com

http://www.boeing.com

http://www.flyasiana.com

http://www.jal.co.kr

http://www.wikipedia.org

저자소개

박혜정

- 수원과학대학교 항공관광과 교수

비행안전실무

2009년 9월 1일 초판 1쇄 발행
2013년 8월 25일 초판 2쇄 발행

저 자 박 혜 정
발행인 寅製 진 욱 상

발행처 백산출판사

서울시 성북구 정릉3동 653-40
등록 : 1974. 1. 9. 제 1-72호
전화 : 914-1621, 917-6240
FAX : 912-4438
http://www.ibaeksan.kr
editbsp@naver.com

저자와 합의하에 인지첩부 생략

값 13,000원
ISBN 978-89-6183-219-9